われら信濃川を愛する

part 1

信濃川 春

弥彦山に沈む夕日

信濃川 夏

水面に映える夏の雲

残照に染まるにいがたの街

秋 信濃川

信濃川 冬

黄金の信濃川

朝もやにけむる越後平野

はさ木

越後人の原風景

往時を偲ばせる豪壮な邸宅（笹川邸）

豪農の館

くらしの中の川

長岡市

長岡花火の舞台にもなっている長生橋

くらしの中の川
新潟市

新しい市民の憩いの場、万代島地区

われら信濃川を愛する

Part 1

はじめに

日本百名山の一つ、甲武信岳に落ちた雨の滴は、南側に落ちれば富士川（笛吹川）を流れ富士山のふもと駿河湾に注ぎ、東側に落ちれば荒川を流れ、関東平野、首都東京を横切り東京湾に注いでいる。そして、北側におちた一滴は、沢を下り千曲川の流れの一つとなりながら、途中、北アルプスの水を合わせ、信濃の国を流れ下り、越後の国へと向かう。越後の国では、谷川連峰の水を合わせ、大河津分水や関屋分水で仲間と別れながら、三百六十七㌔の長い旅を終えて、政令指定都市・新潟市で日本海に出合うことになる。

この信濃川と私たちとの関わりはかなり深く、私たちが暮らす越後平野は、信濃川が信濃の地から運んだ土砂によってつくられた広大な沖積平野であることもその一つである。古くから、信濃川流域に暮らす人びとは、信濃川がもたらす、さまざまな恩恵にあずかるため、信濃川周辺に居を構え、時おり引き起こされる〝水禍（すいか）〟とも、ある程度、上手に付き合ってきた。

信濃川自由大学は、現代社会において忘れ去られがちな、信濃川の恵みと災い、それと上手に付き合いながら暮らしてきた先人たちの知恵を学びながら、もっと信濃川を見て、知ってもらおうと開校した。「公開講座」は、平成十七年十月から、信濃川沿川の市町村を会場として開催され、「歴史・文化」や「産業」、「教育」といったテーマで、各分野の有識者をゲストとしてお迎えし、対談形式で計六回開催した。本書はそれを一冊に取りまとめたものである。

毎回、大変興味深い対談となっているが、ゲストの皆さんのお話は、専門の分野に軸足を置きながらも、それを基点に歴史や街、人や暮らしを見ているから、話の引き出しもたくさん持っていて、聴いていて飽きることがない。また、それを引き出すホスト役の「技」もあり、こういった催事にありがちな「飽き」というものが全くなかった。

ゲストの皆さんのお話の詳細は本文にゆずるとして、さわりだけにしておくと、例えば、長岡市史の編さんにも携わられた第一回公開講座ゲストの稲川さんは、長岡市の歴史に広く深く精通しており、特に長岡の花火の歴史に関する話題のなかで飛び出してきた「遊郭のお女郎さんとその旦那衆」との落語のような〝おち〟は、その時代色も出ていて大変におもしろかった。

次代を担う今の子どもたちが、信濃川やその支流をフィールドとして、自然環境について学びながら、さまざまな感動を覚えることは、今、地球規模で起こっている環境問題について、それを解決してくれるエキスパートを育てていることにつながる、と語った第四回ゲストの河合さん。

江戸時代から二世紀余にもわたり、連綿と受け継がれてきた越後平野の「水の思想」を紐解きつつ、自分たちの暮らしは自分たちで守るという民衆の気概が国を動かし、金のあるものは金を出し、無いものは労働力を提供することにより完成させた大河津分水に、公共事業の原点を見ている第六回ゲストの五百川前館長。

「見る人がその絵に自分の思いを重ねてくれた時、私の作品が最高に輝く瞬間です」と語った第二回ゲストの弓納持さんの言葉は、裏返して言えば、その写真を見た人の日常生活における最高の瞬間を切り出すことこそが、プロの写真家の仕事であるということであろうか。私の場合は、弓納持さんの〝はさ木〟の写真から、子どものころの風景が鮮明によみがえり感銘を受けた。

第三回ゲストの嶋さんは、「酒は神々しい神様のご飯」と説く。いい得て妙、酒飲みにはたまらない言葉であろう。人が酒を飲んでいるときには、いろいろな神が降臨してくるらしい。

かつて、物流の主力が船だったころを考えながら、「時にはゆったりした気持ちで、船にゆられればどんなに素晴らしいと思う」と語った第五回ゲストの本山さんのお話には、どこかせっかちに、どこかきゅうきゅうとしている現代社会に対して、「もっとゆっくり生きましょう」という警鐘の念が含まれていた気もする。

六回の講座を聴き終えて、改めて信濃川の流れを見るために、夕暮れ時に近くの土手を歩いた。目の前にある信濃川は、何かが違って見える。信濃川の流れが変わっているのではない。私の信濃川への想いが変わっていた。

目次

カバー・口絵写真　弓納持福夫

歴史から紐解く人と川との共栄

～畏敬の念から育まれた流域の文化～

元長岡市立中央図書館長。長岡市史編さん室長、長岡市立中央図書館文書《もんじょ》資料室長等を歴任。現在長岡市都市計画課嘱託。長岡郷土史研究会員。著書に『長岡城燃ゆ』『長岡城奪還』『長岡城落日の涙』『河井継之助―立身は孝の終りと申し候』（以上、恒文社）。『龍の如く　出版王大橋佐平の生涯』（博文館新社）ほか。共著『米百俵と小林虎三郎』（作家童門冬二氏と共著・東洋経済新報社）『戊辰戦争全史』（新人物往来社）など。編著『北陸戊辰戦争史料集』（新人物往来社）

稲川明雄

i n a g a w a ● a k i o

稲川明雄×豊口協

信濃川がつくった長岡の歴史

豊口　皆様ご存じだと思いますが、数年前から「世界水フォーラム」が開かれております。これは地球規模で開かれているフォーラムなのです。地球が生まれたときと今とは水の量は変わらない。しかし、生物が活用できる水の量は激減している。何年かたつと、人間を含めて生きている生命体が使える水の量が、本当にわずかになってしまう恐れがある。地球というのは生命が存在しているただ一つの太陽系の惑星でありますけれども、この美しい星をいつまでも永遠なものにしたいということで、世界の学者が集まって世界水フォーラムをやってきたわけであります。

石油や石炭は使えば無くなりますけれども、水は無くならないと思ったところが、実は使える水の量が激減している。ＷＨＯから、中国の河川の中で八十パーセントは魚がすめなくなっているという、非常に危機的な報告も既にございます。そういう意味で、水の重要性をもう一度考えようということもあってこの信濃川自由大学が開かれたのです。これは国土交通省、新潟日報もそうなのですけれども、この貴重な信濃川の水、川ですね、これを県民としてもう一度考えてみよう、考える時期がきているのではないか。この川をいかに素晴らしい自分たちの宝として、これから新潟の誇りとして保っていくべきなのかということを一緒に考えようという企画なのです。

私が十二年前に初めて長岡に参りましたときに、信濃川の東側の土手に立って夕日の沈んでいくのを見たのです。もう何というか涙が出ました。美しい、こんな美しい夕焼けはしばらく見たことがなかった。六十年間東京にいましたけれども、東京の夕日というのは、溶鉱炉の中の塊みたいなもので、真っ黒けなんですね。ところがここの夕日は本当に美しかった。しかも川面を吹いてくる風に、香りがあった。橋を渡れば十五分かかりますけれども、その十五分の時間の変化というのが、夕日の川に反射する光で感じられる。初めて私は地球が動いている、地球が回っているという感じを、長岡に来て実は知ったわけです。心で感じたわけです。それからしばらくして、魚を釣っている人がいないことに気がつきました。信濃川に魚はいないのかなとも思ったわけですけれども、実際には魚がいる。一万匹に近い鮭が、今でも長生橋の下を遡上《そじょう》して上流へ行っているわけです。生きている川がここにあったのだということも、しみじみと感じました。

人が来ない川はだめだといわれます。パリのセーヌ川は人で埋まっているわけです。一日中あそこの川岸に座って、時間を過ごしている人がたくさんいる。世界から人々がセーヌ川を見に来ている。たしかにそういう意味では人と一緒に生活をし、生きている川なんだろうと思います。魚もいなくなればその川は死んでいる、やはり川に魚がすんでいるということは、生きているのだ。鳥が飛んでくる、これも生きている、植物が成長している、これも生きているんだ。そういう生きている川として、信濃川をもう一度私たちは考えるべき時期がきているのではないかという気がしております。

次に疑問に思ったのが、この長岡地域の歴史なのです。何で長岡城というのは平地にあったのかということなんですね。川岸に建っていたわけです。当時の殿様は、市民と一緒に目の高さで街を見ようとされたのかどうか分かりませんけれども、実は平地にある。戦いの城ですと山の上に建っているわけですけれども、平地にある。この辺から、長岡と信濃川との関係のいろいろな歴史的なことについて、興味を持ちはじめました。

今日は稲川さんに来ていただいています。長岡の市史編さん室にお勤めでしたから、とにかくとことんお話をしていただきたい。なぜ長岡に、この長岡城というお城ができたのか、最初お聞きしたいと思っているのですが、よろしくお願いいたします。

稲川　今ほど、長岡藩と川の話が出ましたが、長岡城は川のすぐそばにできたことはご承知だと思いますし、長岡藩は、大体信濃川に沿って領地がある。栃尾が少し違うぐらいで、ほとんど長岡藩領は信濃川流域に集中しているんです。こういうのがなぜそうなのかという話を、少しずつしてみたいと思っています。

ご承知のように、長岡の街は川から恩恵を受けたわけですが、長岡藩七万四千余石の領地の大部分は信濃川流域にあるのです。よく考えていただくと越後そのものの耕作面積は信濃川の支流も含めて恩恵を受けていない所はない。信濃川の流域には三条とかいろいろな所がありますが、新発田藩と長岡藩と村上藩が領地にしていました。こんなことを言うと悪いですが、それらの間では今でも仲が悪いですよね。長岡は、新発田の人とは仲が悪いとか何とか言いますが、戊辰戦争で仲が悪くなったわけじゃなくて、実は、昔から川をめぐる問題がいっぱいあったわけです。

ここら辺を今日はお考えいただきたいのです。水争いで、川の堰《せき》を一段、二段で死人が出たというんですね。一段、二段で死人が出たということは、水をどういうふうにして利用するか。はっきり言えば、水の恩恵というものが常に事件を起こしていたということがありますので、実をいうと藩そのものも、信濃川をどういうふうにして治めるかというのが大きな問題だったのです。ここが長岡藩が成立した一番の理由だし、長岡藩が二百五十年間維持できた理由です。新発田もそうですが、越後諸藩というのは転封が少ないのです。新潟県の藩で転封があったのは村上藩と高田藩ぐらいで、信濃川に遠いところの藩が転封というか、移動になったわけです。信濃川近辺の藩は幕府もなるべく転封しなかったようです。なぜそういうことをしたかというのは、政治もからんでいると思うのですが、不思議なところであります。

話を戻しますが、豊口先生が今「なぜ、長岡城はここにできたのか」という話をされましたが、当然、お分かりのように信濃川を支配するところに為政者が出たわけでありますから、そこに城を造るのが当たり前です。はっきり申し上げますと、山から里に城が下りてきたわけでありますから、里に下りてきたときに一番見渡せる、一番の戦略的な拠点として長岡ができてきた。長岡は、蔵王の堀直寄さんが八万石領主になって、長岡の平潟原の方にニュータウンを造ったという話がありますが、長岡という所が戦略上越後平野というか信濃川を、一番押さえつけられる場所だというふうに考えるから城ができたということです。

もう一つは、歴史をやっている方はお分かりだと思いますが、中世には日本海側には大きな港町はできないのです。世界の都市を見ていただくと分かるのですが、川を遡《さかのぼ》った何キロ先、そういうところにできるわけです。途方もない考え方ですけれども、長岡はある意味では、堀さんは、大陸貿易を考えて長岡の街を造ったのではないか、それが長岡のお城ではないかというところがあります。こんなことから考えますと、信濃川は、文化の流入地帯でもあったのですが、もっと大きな人為的な恵みを持ってきたところだというふうに考えて、長岡の街ができたと思っています。

豊口　そうしますと、長岡城ができて、そこに川を利用した交易というのが生まれ育ったわけですね。大陸貿易が始まっていたかどうか分かりませんけれども、川を舟運で荷物を運んできて、長岡で小舟に積み替えた。関所みたいなものですから、ここで税金を取った。ハンガリーのブダペスト、そういう所と同じなのです。そこで舟に荷物を載せ替えて税金を取るという、そういうことでお金がそこに残っていったという話を聞いています。柿川の港とか蔵王の港というのは、その当時どんなふうだったのですか。

稲川　すごく殷賑《いんしん》だったと思いますね。長岡の街には川で生活をする方たちがたくさんいました。今は、信濃川の方に家が向いていませんし、柿川などは今、川を背にしていますが、昔は川を目の前にして前に道路があって、その向こうに川があったわけですから、川から上がってきた人たちが商売をしていたということです。

長岡で発掘などをやりますが、東山などの麓《ふもと》をずっと歩いていくと、中国から来る須恵器というのがいっぱい出てくるのです。それは何かというと、室町期以前に大陸と交流があった。表日本が日本海だったわけですから、例えば両津に夷《えびす》という町があるように、外国人が渡ってきて住み着いて、そういう所が川をうまく利用したというのもありますし、それを関所にして、近世になるとそれを上手に関税として取り立てたのが為政者だと思っています。

新潟県は上杉謙信が出て、失礼な言い方ですが、略奪経済の代表みたいな方です。戦国時代で、どこかをやっつけて金を持ってきたわけですから。ところが平和になったときにどうやったらいいかと思ったら、農村で米をあげるよりも川に関所を設けて関税を取った方が得ですから、そういうことを長岡藩の前期の人たちはやっていたのではないかと思います。

豊口　我々は、歴史を考えるときに時系列で混乱することが多いのですけれども、例えば佐渡に金が出た。これを長岡藩が全部押さえ込んでいた。そういう歴史的な事実がありますね。それによってどういうふうにして長岡藩がお金をためたか分かりませんけれども、今の新潟は、全部長岡藩の領地として押さえ込んでいて、税関の建物も長岡のものだった。川をふくめて恵まれた状況に置かれていた。財政的に非常に豊かな環境の中に長岡藩がありながら、戊辰戦争の方へだんだん動いていくわけですけれども、お金があったからそうなったのでしょうか。

稲川　長岡藩は七万四千石という石高を幕府がくれるのですが曖昧《あいまい》なんですね。ご承知のように七万四千石という知行目録を与えても、新田開発で勝手にしなさいという条項があるのです。ということは、信濃川は開拓する場所がいっぱいあったわけです。荒れ地があったわけで、谷地とか、そういうところは大いに開墾をやりなさいと、そういうふうに厚遇するんですね。なぜ厚遇したのかというのが問題なので、これは幕府にも長岡藩に対しての、何かこうアキレス腱みたいなものを持っていまして、藩主の牧野さんとか堀さんが来るときには特権を与えられる。この特権が公儀御証文といって、信濃川の河川交通権を全部長岡藩の町役人に委託するんです。江戸時代というのは不思議な時代なのですが、おまえさんたちに信濃川の河川交通権を全部与えますよと、それが長岡を殷賑させた一番の大きな原因です。それが今でもいろいろなトラブルを起こしているというか。

豊口　聞きますと、殿様は農民にはわらじも履かせなかったという話が残っているんですね。それぐらいひどかったというのですけれども、それはどうなのですか。

稲川　長岡藩に「昇平夜話」という資料があります。なかに百姓は殺さぬように生かさぬようにという、政策をやったのですが、長岡藩の牧野さんというのは、ある意味では江戸時代の典型的な近世大名でありまして、近世大名というのは、農業生産指導をして、できるだけ消費をさせない。主要産業である米を生産させる。それはどこかというと信濃川流域の荒れ地なんです。そこを開拓する。そして実質十四万石になったわけですが、これも面白いやり方で開拓をするわけです。割地制度という特殊な制度を使ってやるわけです。新発田藩などとは違うところがありますね。豪農が長岡藩には出ないという特徴がありました。

豊口　金がとれて、石油がとれて、お米がとれた。これは言うことないと思うんですね。

稲川　長岡は米はね。

豊口　その当時はあまりとれなかったですか。

稲川　いや、とれたのですが、あまりうまい米ではなかったみたいです。長岡米はそんなにうまくなかった。魚沼もうまくなかったみたいですが。たしかに長岡は、当時、米の反収は少なかったのですが、苛斂誅求《かれんちゅうきゅう》な課税をやりましてね。栃尾などは今でもそれを恨んでいますが、百年以上も前の話なので、これは勘弁していただきたいのです。長岡の藩士は森立峠を越える時は水杯をしていったくらいですから、ほかの所もそうだったのですが、役人は厳しく米を取り立てたみたいですね。なぜそうなったかというのは、長岡藩の姿勢にあったのだと思います。

豊口　そうしますと、長岡に新潟の方から船が入ってきますね。かなり大きな船だったのでしょうけれども、ここまで荷物を積んできて、ここで降ろす、どのくらいの大きさの船で、何を積んできたのですか。

稲川　「こうりんぼう」とかそういう船なのですが、平船とかいいますが、米で百俵ぐらいは運べたといいますね。川を上がってくるときは船に綱をつけて引っ張って船を上げるわけです。大変だったみたいです。

豊口　ここで大きい船から小さい船に積み替えるんですね。ここから上流に行くときには、やはり土手を引っ張って歩いた。

稲川　そうです。

豊口　それだけの商いが行われると、長岡という街はかなりいろいろな人たちが住んでいただろうと思いますが。

稲川　ご承知のように、運ぶときに人夫がいます。それに倉庫業をやります。それをする荷主とかがたくさんいますから、そういう人たちはかなり潤いました。長岡の遊廓の一等地に行く人は、みんな船の関係者、二等地に行くのは庶民だということになっていました。

豊口　遊廓というのはどの辺にあったのですか。

稲川　長生橋の近くにあったんです。明治の終わりごろあの辺に行きますと、一等地、二等地というのがあって、よい遊廓と悪い遊廓がいっぱいあって、長岡商人の人たちでも普通の商人は二等の遊廓に行くんです。船の関係者は、一番いい遊廓とか遊び場所に行くんです。決まっていたようです。

豊口　遊廓に務めている人はどのくらいいたのですか。

稲川　時代によって数が一定していませんが、遊郭が三十五、六軒あると三百人以上の人が関係していたのではないでしょうか。船主などは大散財して、長岡藩の侍がよだれを出しているみたいですから、相当の金持ちだったんじゃないでしょうか。塩一俵を運ぶのに長岡に落とした金が一両ぐらいといわれています。一両というと今で四万円ぐらいになるのですが、実勢価格でいうと十万円くらいですね。塩というのは、当時は貴重品ですから、一年間に一万俵ぐらい上

豊口　がってくるわけですから、すごいお金じゃないでしょうか。長岡藩の財政が一年間で五万両ですから、塩だけでもそれだけ儲《もう》かります。

稲川　そうすると、船を引っ張る人たちというのがどういう身分の人たちなのか分かりませんが、ここまで上流から下ってきて、長岡で荷を積んで、どこまで運んでいったのですか。

豊口　一番遠い所は、善光寺平まで行ったんです。魚沼の六日町とか。江戸時代の初めのころは善光寺平まで行ったみたいです。当然、十日町とかにも行くわけです。

稲川　どのくらい時間がかかったのですか。

豊口　二日ぐらいはかかるんじゃないでしょうか、上っていくのに。船で下るのは簡単ですよ。下るのは、帆かけ船にそのまま乗っていけばいいわけですから。

稲川　それは冬もあったのですか。

豊口　そうです。冬も運びましたね。

稲川　大変な労働力。

豊口　沿岸部には一生懸命運んだ人足の足跡が石についていたという話ですからね。

稲川　その当時、人足といわれる人は何人ぐらいいたんですか。

豊口　長岡には組があって、渡里町組とか、上田町組とかあるのですが、組頭というのがいて、十軒ぐらいで単位になっていたようです。少なくとも二百人以上はいたのではないかと思います。その人たちが明治になってからみんなあぶれるんですよ。大変だったようです。

豊口　そうすると大変な交易都市だったし商業都市であったということですね。

稲川　船乗り人足というのは、一つのプライドを持っていまして、歌を歌って、それを再現できなくて申し訳ないですが、昭和四十年代までまだ舟歌を歌っていた人がいました。船に乗るときに「めでたい、めでたい」という吉祥の歌を歌うんです。柿川を下って行く時に大きな声で歌って行くのですが（上ってくるときにも歌うのですが）、私は昭和四十年代に聞いたことがあるのですが、もう全くそれが伝わっていません。要するに宝の船が上ってきたというんです。それは自分たちの恵みをくれる船だというんですよ。そして大体河岸には柳が植えられていて、そこを上ってきます。柳の木というのは悪魔を祓《はら》うということですから、昔は柳の木がずっと沿岸に並んでいるんです。風情があって、渡里町のあたりは昔の写真を見ると、どこかの浮世絵に出てくるような風景でした。

豊口　長岡は美しかったんですね。

稲川　美しい街です。水と緑がいっぱいあって、小路には水路があって戊辰戦争の前まではベニスのようになっていたんじゃないでしょうか。今の柿川なんていうものじゃないですから、水はたくさんあったわけですから。信濃川の水も、今よりも水位は相当上がっていたようですし、倍ぐらいは水量があったようです。

豊口　船で運んできた荷物というのは、どこから来ていたんですか。

稲川　塩などは西海塩ですから、瀬戸内海の塩ですとか、但馬の石だとか、北海道のニシンなどは江戸時代にはもう入ってきていますからね。猪股津南雄《いのまたつなお》という俳人がいるのですが、その祖先は北海道に買い付けに行って、身欠きニシンとか、四十物というのですがそういうものを蝦夷の人から買い込んで持ってきていますから、それを大坂などに持っていって売るのです。大坂に持って行って、大坂から銀を持ってきました。長岡は金と銀の相場がありまして、商人は銀を買って侍は金を使いますから、そこで両替屋がはやって、また儲かるんです。

豊口　今、考えると想像ができないのですけれど。

稲川　昔は、船というのは最大の大量移動の運搬機ですから、馬に載せるよりも船に載せた方が良いわけです。北前船に載せて敦賀まで持っていけば関西に行くわけですし。米蔵が大坂の中之島にあったのは長岡藩だけです。ほかの越後の藩はなかった。河井継之助が改革をしたのはそこなんですね。長岡藩というのは大坂に行って直接米を売ることができる、そういうシステムを持っていたから、それを利用して改革をしたんです。産物を一番いい所へ大量に持っていけば儲かるわけです。そういう商人が信濃川を利用したんです。だから長岡の商人は、北側の新潟に向いている人と上州の方を向いている人が二種類いまして、大体北側の方に向いていたんですね。今は新幹線の方に向いていますけれど。信濃川の方には向いてないです。

豊口　例えば、蔵王の港と柿川の港というのは、機能的に違ったのですか。

稲川　蔵王というのは大変な所で、蔵王領というのは上野の寛永寺領で、蔵王町と三十八村、ちょうど柿川の出払いのところに蔵王という町があります。途中、蔵王という長岡藩領でない町があるんですね。これは長岡には目の上のたんこぶでございまして、長岡の人といつも喧嘩《けんか》ばかりしていまして、あそこをうまく通らないと長岡に来られません。そこで、途中、新川という川を安政年間に造って、渡里町から直接信濃川に出るように作ってしまう。千六百両というお金だったと思いますが、それを町人が金を出して造った。その新川の河口で大砲を撃っていた人が、後に花火の三尺玉を作ってどーんと上げるんですね。今でも新川の跡が残っています。たしかに信濃川を使って、たくさん交流をするんだけれども、それを邪魔する人たちとかがいろいろ出てくるんですね。蔵王の人たちも自分たちが運べば儲かるわけですから、船乗り人足になるわけです。そういう競争などをやってお金持ちになるんです。

豊口　長岡には船問屋はあったんですか。

稲川　いっぱいありました。はじめ十八軒、だんだん株が乱れてきまして、そのうちに何人かにもなりますが、長岡には問屋衆というのがあって、問屋衆が長岡船道組合を仕切っていた。それが約百八艘の船を信濃川に出しているのですが、だんだんそれが三百艘ぐらいになったりして、また少なくなったりいろいろなんです。やはり船のプロデューサーがいなくなるとだめなんですね。船は荷物を運んで産物を運べばいいと思うのですが、それを結びつける真ん中に立つ人が上手にならなくなってくると、だんだん寂れてきます。それをまた誰かが立て直すようにして頑張ると、今度は蔵王の人と喧嘩をしたりしていますが、商人、特に問屋衆さんは力がありました。

豊口　その当時、川西というのはどうだったのですか。

稲川　大島に商人がいまして、大島新町という所は長岡の別の商業地帯の街が向こうにあって、特に上山藩とか、川向こうの産物を信濃川で交流します。明治になるとその産物を川東に持っていこうとします。

豊口　それで長生橋がある。

稲川　そうです。長生橋は向こうの人たちも川東に渡りたいという希望ですね。

豊口　当時、長生橋というのは誰が造ったんですか。

稲川　広江椿在門というういまの緑町（岡村）の人です。夢を掲げて明治九年に造るわけですが、面白いことに大島の人たちが架けないで、隣の岡村という町の人たちが架けるんです。これはいろいろな歴史のしがらみがあって、それもわざわざ昔の渡し場の所に造るわけですが、これはやはり東西の文化の架け橋になっていて、川西の人たちの川東に対する思い、夢みたいなものだと思うんです。

豊口　私が初めて長岡に来まして、ニュータウンに住まいを設けたと言ったら、「よくあんな人の住めない所に家を建てましたね」と言われたんですよ。そのときすごいショックを受けましてね。「人が住めない所に家を建ててどうして生活しているんですか」と言われたのですが、そのくらい川西というのは何かいろいろ言われるような所なのですか。関原なんかは川西ですが。

稲川　川西は今でこそ素晴らしい町ですが、寺島とか中島は、ほとんど川西の人たちが開拓をした所なのです、川の向こうの人たちが。古正寺《こしょうじ》とかそういう古い地名が残っています。例えば蓮潟という名前があるように、昔は蓮が生えたところでありました。蓮の花が咲いている泥沼だったのです。だから今でも私たちのDNAの中には、川西というのは泥沼の所に家を建てているんじゃないかという感じがあって、すごい所でした。それを開拓しまして、今本当に素晴らしい住宅街になったわけです。

豊口　最初、大学を造ったときの登記の番地が蓮潟というのです。そうしたら、先生の一人が「学長、番地を変えてもらってくれ」と言うんですよ。蓮潟というのは、大学の番地としては何となく世間体が悪いというんですね。そのうち宮関に変わりましたからよかったのですけれど。後でいろいろな人に聞いたら、あの辺は人も住めないような泥沼で、とにかく蓮だけはたしかに生えていたと。

稲川　今、蓮潟は大金持ちの方がたくさんいまして、すごくいい所になっていますが、信濃川は昔は川の道が相当変わっているのです。そのたびに洪水があって、そのたびに泉島とかねずみ島とか今でも地名が残っていますが、島がたくさんできていて、そこで耕作の権利だとか、川筋が三年に一度変わるわけですよね。そうしますとそこで耕作地が変わるわけですから、村同士の喧嘩があるのです。そういう意味でも暮らせない所だったのではないでしょうか。ただの地形の問題だけではなくて、生きるか死ぬかの生存権の問題があったのだろうと思います。

豊口　長岡に来まして、大学の敷地を見たのです。千秋ケ原という所は普通の土地になっているわけですけれども、昔、三百艘くらいの船が入ってきたということになると、昔の土手というのは千秋ケ原の向こうにあったのでしょうか。

稲川　私、その時生きていませんから、その辺は分かりませんが、地図を見ますと百間以上といいますから二百㍍以上、今の川幅は大体八十㍍から百㍍ぐらいですが、一つの川が二百㍍は川幅があった。それが縄状にたくさんあったといわれていますから、地図を見ると信濃川はもっと広かった。明治以前はそうだったのですが、江戸時代などはもっと広かったのではないでしょうか。お分かりだと思いますが、康平、寛治の図なんていうのは偽物の図だというのですが、西暦一一〇〇年ごろは、東山から西山のはずれまで全部川だったという説もあります。これは本当かどうか分かりませんが。

豊口　それは本当だと思いますよ。

稲川　川つなぎの欅《けやき》というのが栖吉にありますから。

豊口　縄文土器、火焔土器と言われている土器、あれは信濃川の丘陵地の平坦部や、河岸段丘から多く出ていますよね。縄文時代のある時期は、相当の暴れ川で、どうにもならなかった状態のときに、住んでいる人たちが神に祈りを捧げるために、神と人とを結ぶ言葉として信濃川の荒れた状態を土器に形づくって祈ったのだろうと、私は思っているのです。そういう意味では、この信濃川周辺の川は相当荒れていたのだろうと思うのです。今お話を伺って、とにかく文化性の高い街で、しかも商業都市として非常に栄えていたということがよく分かりました。

長岡花火と信濃川

豊口　私は長岡に来て初めて知ったわけですけれども、長岡花火というのはお祭りではない。あれは戦争中の八月一日に大空襲があって、千五百人近い方が亡くなられた。その霊を弔うために花火を打ち上げるのだと。だから曜日には関係なしに打ち上げている。亡くなった方に対する祈りの花火だと伺いまして、私は長岡花火の持っている意味に感動したのです。ところが後でいろいろ聞いてみると、もっと昔から花火はあったのですね。

稲川　そうですね。花火は長岡藩時代からありました。長岡は時刻を気にしていまして、常在戦場でしたから太鼓とか号砲とかというのがあって、中川繁次さんという人は、代々中川家というのは花火を作って、昼の花火で正午の大砲を撃つ、それが生業だったのです。その人たちがたまたま、先ほど話が出ましたが明治十一年に大島屋のつるが、片貝の佐藤佐平治さんの親類に放蕩《ほうとう》人がいたのですが、その方が遊廓に遊びに来て、花火を上げてくれと。実は水子供養だと、自分たちの子供たちが遊廓で失っていく命を、ぜひ供養してくれということで上げたのが長岡花火の一番の由来だと言っています。

それ以前にも時折花火を上げていて、例えば長岡藩の侍の人たちがのろしの稽古《けいこ》をするとか、そういったときに上げていたようですが、正確に百五十発以上上がってきたのは明治の初めごろ。これは片貝の花火に似ているところがあるのですが、天国にいる人たちと交信をすると。そういうのが花火の一番の由来のようです。

豊口　そういう花火の歴史が長岡にあった。遊女たちが花火を自分たちの自前で上げていたという話があるのですが、その辺、詳しくお聞かせいただきたいのですが。

稲川　私、遊廓へ行ったことがないので分かりませんが、これは言い伝えで、嘉瀬さんがよく言っているのですが、花火師と遊廓の女性とそれからそれを贔屓《ひいき》にする旦那《だんな》さん、この三つがあったから長岡の花火はうまくいったという話があります。

夏になると遊廓に来る人は少なくなる。それをどうにかたくさん来るようにという、商業振興というのでしょうか、そういうのが発想みたいですね、本当は慰霊のためですけれども、花火というのはスポンサーが必要なので、スポンサーを遊廓の楼主がやればいいのですが、女性たちにやらせたみたいです。「おまえさんたち、花火を上げるから贔屓の旦那に金をもらってこい」と言って始めたらしいです。ところが遊廓の人たちもまたそれが上手で、嘉瀬さんなどに言わせると、十発上げますよと言っているのですけれど、一発上げるのにあの人からも金をもらってきて、この人からも金もらってきて、一発のためにたくさん人から金をもらったようです。上げれば分かりませんので、バーンと上がっていれば「あんたの花火だよ」と言えばそれで終わりですから。その間の九割ぐらいは自分の懐へ入れたようです。上手にやったみたいです。遊廓の遊女が夏になると太るのはそうだと、本当はやせるはずですが、あれは花火のせいだと言われたそうです。花火で儲かったのだといわれています。

豊口　嘉瀬さんは、私は花火の神様と思っているのです。長岡花火の伝統と技術を作り上げた。嘉瀬さんがシベリアに抑留されたときにたくさんの戦友を亡くした。日本へ帰ってこられた後に、自由に行けるようになってからシベリアに行かれて、戦友を弔って白い花火を上げた。日本に帰ろうと思ったら、亡くなった戦友たちが「嘉瀬、おまえもう日本に帰るのか」という、後ろ髪を引かれたというお話をされていましたけれども、その辺になると、私は花火文化というか、すごいことだと思うのです。

稲川　私も長岡の花火を昔から見ていますが、長岡の花火は菊型の花火が多いのです。牡丹型の花火が少ないのです。なぜそうかと、嘉瀬さんに聞いたことがあるのです。嘉瀬さんがシベリアのアムール川で上げた白い花火というのを写真で見せてもらったのですが、それはものすごく尾を引く花火。花火というのは、ご承知のようにパッと散ってパッとなくなるというのが男気なので、それが花火の美しさだといわれています。ところが長岡の花火というのは、なぜか尾を引くのです。それは嘉瀬さんに聞いたら「そうじゃない、一秒でも長く夜空に咲かせるのが、我々長岡の花火の特徴だ」と言い、それは鎮魂を込めていて尾を引くんだと言われました。だから長岡の花火を見ていると、菊型か柳型。菊というのはパッと開いて長い菊の花弁のようになるんですね。牡丹というのはパッと散っておしまいなのですが、牡丹型よりも菊型が多かったというのは、やはり、今でも仏様の前にもっていく花は牡丹よりは菊を持っていきます。それでそうなっているのかなと思ったことがあります。

豊口　長岡の花火で一番きれいだなと思うのは、白なんですよ。東京ですとああいう白い花火というのはまず上がりませんし、隅田川に行ったって小さいのがポンポコ上がっているだけです。長岡に来て初めて尺玉、スターマインというのですか、あのすごい花火が連発で上がっていく。それが非常にきれいな、透き通るような白で上がっていくでしょう。あれは素晴らしいと思うんですよ。

私は鎌倉に住んでいますけれども、鎌倉の海岸でも実は花火をやるんです。だけど、これが何か線香花火のような感じがしまして、どうも見ていてもつまらない。ところが長岡に来て花火を見ると、これが本当の花火なのかなという感動を受けました。やはりその技術を作ってきた長岡の花火師の人たちというのはすごいなと思うのですけれども、嘉瀬さんというのは、何代かやっていらっしゃるのですか。

稲川　そうらしいですね。昔の新組とか今の黒条とか、長岡には花火師が何人もいたのですが、花火師に聞いたことが幾つかあります。これは嘉瀬さんにも聞いたのですが、こういうことを言っていますね。なぜ長岡の花火をきれいにしたかというと、昔は江戸時代のころの花火は黄色と白しかなかった。ところがマグネシウムとかそういうものを入れたのは、遊女の方たちが花火を上げるわけですが、スポンサーがきれいな花火を上げてくれなければ金をくれない、と言われるわけですから、彼女たちが花火師に向かって、きれいな花火を私に持ってこいという命令をしたようです。

当時、長岡は織物業が盛んだったのです。織物業というのはいかによい着物を作るか、きめの細かさが大切なのですが、織物の目が細かい方が縮《ちぢみ》になるわけですね。ところがそのほかに色がきれいだというのが大切なのです。そうしたときに化学染料を使うんですね。明治十一年に花火を上げるわけですが、長岡の花火師の人たちは、いこく屋という染物屋さんに行って、化学染料、化学の薬品をもらってくるのです。それを花火の中に入れる、それで早くから、特に色あざやかな花火になったんです。長岡が一番最初に赤い花火を上げたのではないでしょうか。当時、ほかの地の花火というのは白か黄色の花火なのですが、色付きの花火をしたから長岡の花火が有名になったのです。

今はもう当たり前になっていますが、あの当時化学薬品を使える化学技術者をうまく連れてきて、それを爆発させないようにして作っていくというのは、花火師もたまには遊廓に行きたいでしょうし、遊廓に行くとにこにこしてもらって頭をなでられるわけですから、一所懸命頑張ったようです。そうすると花火師の奥さん方は、「花火を作った」と言って怒って、会場には花火を見に来ないと、そんなことを言っていました。長岡の文化がそうなのですが、庶民が庶民同士で摩擦を起こしながら何かを作っていったと思われます。

豊口　そうすると、長岡の花火というのは庶民の花火である。殿様はどうしていたのですか。

稲川　殿様はあまり見ていなかったです。殿様はのろしを見ていたり、砲術訓練には来ていました。この前、旧藩主の末裔《まつえい》の牧野さんが片貝の花火を見に行きたいと言ったので、殿様は行かない方がいいですよと言ったのですが、それでも行くと言われて見に行きましたが、やはりきれいな方がいいみたいですね。

豊口　そうすると武士も花火は。

稲川　武士の花火はもともとのろしで、花火は通信伝達機関ですから、どういう花火が上がれば攻めろとか、そういうことをするわけで、暗号みたいなものですから。武士は花火は大切です。昔は昼間の花火の方を武士はいっぱい使っていて、昼間の方が花火の主流でした。夜の花火というのは少なかったようですね。

豊口　長岡では舟運によっていろいろな交易が行われた。花火の技術も非常に伝統的で長いものがある。

稲川　西神田土手で船が出るときにも花火が上がっていましたから。

豊口　この花火の技術というのは、どこかに輸出されたのですか。

稲川　いえ、あまり聞きません。長岡の花火の名の独特の呼称は長岡しかないんです。例えば諏訪に行っても天竜に行っても、長岡の花火の呼称はちょっと違いますから、あまり伝達していないんじゃないでしょうか。今、独自の呼び方が廃れています。「昇り曲導付《きょくどうつき》」なんていうと、長岡でしか通じない言葉です。よく「曲導」というのはありますけれども、「曲導付」とかいうとんでもないような言葉は長岡しかないです。だから、長岡の花火は独自に工夫して作っていったんじゃないかと思います。

豊口　たしかに戦後あちこちで随分花火大会が行われていますよね。大曲でやっている競技花火とか。あれは花火師の競技大会でいろいろな花火を上げているのでしょう。大曲の雄物川ですけれども、そんなに大きな川じゃないんですよ。私はあそこにいたことがあるから分かるのですけれども。ところが長岡の信濃川の川幅というのは、三尺玉を上げても問題がないほど広い。街の中で花火を上げる環境としては世界一ではないかと思いますね。

稲川　花火談議になってしまって、信濃川の話でなくなりましたが。

豊口　ですから長岡の信濃川というのは、花火を打ち上げるのに一番適しているという、そこに昔は舟運があって文化が栄えた。そういう意味では、信濃川と今住んでいる長岡の人たちとのふれあいというのが、どうもうまくいっていないないという気がするのです。川を愛するためにはどういう行動をとったらいいのかというのが一つありますよね。ところが、子どもが信濃川で遊んでいる姿を、十二年間で一人も見たことがない。釣りをしている人も、後で聞いたらいるよと言われたのですけれど、実は十二年間、一人も会っていない。自分で釣りに行こうと思って釣り道具屋さんを探したのですけれども、あるらしいのですけれども見当たらなかった。どうも川から離れて生活をしているような気がするのです。

稲川　我々子どものころは花火に使う落下傘というのを拾いに行ったんです。中州まで泳いでいきまして、花火のかけらがたくさん落ちていて、それをもう一回上げたり、おっかないことしましたね。長岡の花火は吊り花火といいまして、空中に漂うんですよ、落下傘で、あれは印象的だったです。また、水中花火というのがありまして、水に、半月みたいに上がってくるのですが、昔は、そういう花火が川と一体化して楽しむ花火だったのですが、今は観客のためを思ってか、大きな花火しか上がりませんが。

産業を支えた「生命の川」

豊口　長岡藩が栄えたというのは分かるのですが、戊辰戦争のときに、川はどんな機能を果たしたのですか。

稲川　私は戦争史を勉強していますが、当時の人は川をほとんど泳げないのです。侍が川に落ちて死んだ話がいっぱいあるのですが、大体この辺ぐらいでみんな溺れるんです。水練にはいろいろな流派がありますが、庶民はどうも水練というのをやっていなかったようで、信濃川というのは猛烈な障壁なんです。長岡藩も信濃川の向こう側に泳いで渡ることはしていません。戦争のときに大島の方から長岡に渡るのですが、渡れないのです。船がなければ渡れないということになっていて、今だと泳いで鉄砲でも持っていってさっと撃てば奇襲戦ができるわけですが、やはり船がないと渡れない。長岡藩が川東の方に全部船を回収しましたから渡れない。したがって西軍の人たちは与板から船を引っ張ってきて奇襲戦をするんです。与板は実は勤皇藩で、長岡藩と敵対関係にありますから、与板藩は提供するんです。それを持ってきまして大島から渡って、そして長岡を攻めて長岡城が落城するんです。にっくき与板なんて言うと怒られますが、それでも市町村合併をして仲良くしたいと思っていますから。余計な話ですけれど。

豊口　そうすると信濃川の中流、長岡を中心とした所と下流とは、基本的にいろいろトラブルがあったわけですね。

稲川　川をめぐるトラブルというのはすごいです。近代になっても小千谷と仲が悪いというのは、川舟、舟の問題とか水の問題ですね。

豊口　仲が悪いんですか。

稲川　よく分かりませんが、小千谷が市町村合併に来ないのはおかしいなと思っているんですが、何か、小千谷と長岡の川舟の競争というのはすごかったんです。小千谷というのは縮ですごく金儲けしているでしょう。それを直接信濃川を通して京都、大坂に持っていけば売れるわけです。ところが長岡藩が目の前にいるわけです。ここをいかに通過するかというのが、小千谷商人の一番の大きな問題だったですからね。舟で運んで北前船で新潟港から出航すればいいわけですから、川蒸気船でも大喧嘩をしていますね。安進丸とかいう川蒸気船が上ってくるのですが、長岡から小千谷までどう通すか。また三島億二郎が東京から六日町まで徒歩、そこから船で長岡に帰ってくるときにも、長岡商人が早く帰りたいのに、小千谷で船留めというのがあるんです。小千谷でわざと船留めをするんです、小千谷商人は終わりですが、あとは長岡まで勝手に歩けと、大喧嘩になるんです。これらが今でもしこりとして残っているといえば残っているかもしれませんが、昔は船の渡船権とか、船をいかに出すかというのは死活問題ですから。

豊口　何か特別面白い話がありますか。

稲川　ありますよ。新潟と長岡の川蒸気船を明治六年か七年に通すのですが、このときに資本をどういうふうにもつか。船会社の株をどういうふうに折半するかという問題が起きます。そのとき、新潟商人の鈴木長蔵など大変な裕福者が加わって、その人たちが長岡と仲良くした方がいいと、そのときに長岡の商人ですぐに飛びつく人とすぐに飛びつかない人がいるんです。それがまた、後に小千谷の商人と別々につながって、長岡には対抗人脈がたくさんできまして、それが摩擦をしながら発展していくんですね。

豊口　上流の小千谷も含めて、長岡にはすでに繊維産業というのがあったのですか。

稲川　ありました。長岡も繊維産業があるし、栃尾とか見附とか、織物というのは当時としては、新潟県というのは米の生産がなくなったら冬に何をするかというと織物なのです。織物を織って売っていく。したがって生産をしても商人がいて船で流通しないと仕事ができないのです。したがって船乗りというのはすごく利ざやを稼ぐんです。だからよい物を作っていくわけです。十日町の明石縮などは長岡の商人が織らせるんです。長岡商人の小林伝作というのが夫婦で京都旅行をするんです。京都旅行をして、羽織と着物を買ってきてそれを裂いて、それを十日町に持っていって織らせる。そうすると西陣よりもいいものが織れる。新潟県人というのはものすごくまめでしょう、そして手先がすごく器用だから織らせるんです。そういう面では、織り姫というのがたくさん出て、ちょうど信濃川流域で産業が発達する。

豊口　なるほど。そうすると夏の間は米を作り、冬は織物を織る。

稲川　織物を作って、それを信濃川の支流で流しさらしたんです。また塩とか、塗り物とか、そういう文化が入ってくるんです。塗り物というのはお椀とか、この辺で作れないものを上げてくるわけです。石とか材木とか、そういうものも上げてきます。

豊口　これだけの川があって交易をしてきたわけですけれども、器文化というのはないですよね。今おっしゃった漆器にしても、普通、食文化が発達している所、特にこれだけの川があれば、川魚とかそういうのは多分いっぱいあったと思うのですが、そういう食べ物を食べるための器文化が長岡にはない。周辺にもあまりないですね。これが不思議でしょうがないわけですよ。

稲川　そうですね。会津は阿賀野川で器文化が上がっているんです。器文化がないというのは、ないのではなくて、今、私ども被災資料で蔵なんかを見ますと、昔のお膳というのが今の蔵の中にいっぱい入っていたんです。漆器がすごくありまして、長岡でも漆器文化、例えば岸屋さんとか、ずっとやっていて今回の新潟県中越地震でだめになったのですが、塗り物はすごく多くて、お椀の文化もないわけではなかったのです。これはたまたま長岡の人たちは合理的に、明治から考えて瀬戸物に走ったのです。瀬戸物屋というのが、明治前まではお椀だった。ところが瀬戸物が来て、瀬戸物というのは当時すごく儲かったんですね。この辺は土がよくなかったので、結局瀬戸物は高かった。ところが信濃川の河川交通で明治になってから大量に上ってくるようになった。そうしましたら瀬戸物屋が儲かったので、それでお椀がだんだん廃れていった。

豊口　地場産業としてはなかった。

稲川　いや、地場産業としてもありましたね。お椀を作っている所はたくさんありました。残念ながら村上とか高田のように残らなかっただけです。長岡は近代的で、瀬戸物というのはいいんです、あれはデザインがどんどん変わる、どんどん捨てればいいわけですから回転率が高い、壊れるしね。したがって商人は儲かるわけです。お椀は儲からない、落としても割れませんから。

豊口　消費経済が既に発達していたということですか。

稲川　長岡の人は上手だったですよ。目先が利くというか。造形大学の理事長さんに言うわけじゃないんですが、長岡はデザインさえうまくやればどんどん儲かった。

豊口　うまくやってないかな。

稲川　今、やればいいいんじゃないですか。

文化を運び、逸材を育てる

豊口　いろいろ面白いお話を伺いました。長岡の近代への歴史が分かってきたのですが、新しく明治に入って、長岡から傑出した逸材が随分出ていますね。そういう人たちの話を聞くと、なるほど長岡商人というのか長岡文化人というのか、そういう人たちがものすごい知恵を日本全国に提供している。その辺の人材が出てきた理由と、米百俵の問題があるわけですけれども、その辺の関係は。

稲川　昔、綱淵謙錠《つなぶちけんじょう》さんという作家に、東京で会ったときに同じような質問がありました。「長岡に立派な人間が出るけれどもどういう理由だ」と聞かれたことがあった。それは信濃川があったからだと言ったんです。それはどういうことかというと、当時、新潟町というのが北前船で大変栄えていて、吉田松陰なんかもわざわざ新潟まで来た。新潟の町には知識だとかそういうものがたくさん流れてきたらしいんです。長岡はその新潟を支配していた。したがって長岡の人たちは、新潟町からかなりの知識をもらっていた。いま我々は東京の方ばかり見ていますので分かりませんが、当時は、新潟と長岡の距離が微妙な位置になっていて、そこから素晴らしい知識をもらったのではないかということを、綱淵謙錠さんと話をしたことがあります。

もっとも長岡藩の藩学の姿勢とか、例えば牧野さんの常在戦場の精神とか、そういうのもありますが、やはり今でもそうですが伝達機関がないといけません。大量に何か入って来なければだめです。例えば書物なども、商人がどうしても三国峠を越えて六日町で乗り換えをします。侍は三国街道を歩いていきます。商人を見ますと、大体六日町で船に乗り換える。船に乗り換えるときに、何か書物を持ったりして、それを長岡城下に行くと売れるというので、三国峠を越えさえすれば川舟があるというふうに考えた、これがやはり人間を育てる一番の原因ではないでしょうか。

豊口 今、在郷（田舎）に行って蔵を見ると、江戸時代の本がたくさん出てきます。京都、大阪の出版の本がたくさん出てきて、なんで農民がこんな本を読むのか、四書五経のほかに赤穂浪士とか、講談ものまであります。どうしてそうなのだろうと思うと、やはり農民が読めるだけの量が必要です。それは写本ではなくて刷り物なのですが、それを誰かが運んだんだと。やはり大量に運ぶ組織があったと。これはやはり信濃川だなと思っているのです。

それがやはり一般の人々に受け入れられたと。

稲川 そうです。長岡は河井継之助とか、明治になってから立派な人が出た。その素地になるものが、祖先の努力です。父母の教養とかいろいろあって初めて傑出した人物が出るわけで、それは歴史だと思うんですね。歴史が堆積していると思うのです。その堆積は、長岡は晴耕雨読だとか、冬、灯火の下で本を読むとか、静かな時間がたくさんあった。その時間でいかに教養の勉強ができるかというのがあって、大量の本が入ってきた。大量の本はやはり船でないと、馬の背では量は少ないと思うのです。

豊口 信濃川というのはそういう文化まで全部運んできたということですね。その運ばれてきた文化とかそういうものを市民は全部受け入れた。

稲川 明治になってくると例えば表町小学校では就学率が四四パーセント、ものすごい率で、男子は六六パーセントで女性が二二パーセントでしたか、高い率で勉強をしているのです。小学校ができたのは、それまで、庶民がそれだけの勉強にすぐ乗ってきたというのは、やはり読み書き算盤《そろばん》だとかそういうものが大切だという話が、町で伝わっていたと思うのです。それは大量の文化的なものの輸送手段が長岡にあったから、その土壌になるものがあったと思っていいます。

豊口 長岡で歴史的な教育、教養の考え方が市民の中にあった。それが明治になって逸材を生んでいったというふうに、単純に考えていいということですか。

稲川 活字文化です。だから東京・神田の古本屋街に長岡人がいっぱい行って本屋を経営するとか、印刷屋をやるとか、新聞社をやろうとかというのは、そういうところから出てきたと思います。

豊口 新聞社の話というのは非常に面白いと思うのですけれども、長岡で新聞社をつくった。

稲川　そうです。長岡商人の人たちが大同団結をして北越新聞というのをつくるんです。ところが喧嘩をしてまた別れたりするのですが、新聞社はどうしてもイデオロギーというか政治色が強くなりますから、仲間が喧嘩して別れたりするのですが、戦前は越佐新報と北越新報などが喧嘩ばかりしていました。そして紆余曲折《うよきょくせつ》を経て新潟日報に統一されたのですからね。

活字を読むとか電話の普及率とか、そういうものを考えると、長岡は電話の普及率は全国で第二位だったわけでしょう、通信文化とかそういうものは早くから仕入れることができれば、たくさんのお金になったということが分かりますから、そういうものを長岡人はよく知っていたのではないでしょうか。そういうことは、信濃川がなかったらそれはできなかった。普通の川ではなかった、大河だった。大河はかなり大きな情報の押し出しがあった。これが信濃川の特徴で、長岡の一つの歴史的シンボルだと思っています。

豊口　新潟から長岡まで船が入ってこられたというのは大変なことですね。

稲川　明治になると有名な外輪船が入ってくるわけですから、川蒸気といって。だから少なくとも水深が二間以上ないと入ってこられませんから。

豊口　それに荷物を満載して。

稲川　ハイカラなこうもり傘をさして、ハイカラな着物を着て入ってくるわけですから、明治時代は川船が入ってきますと、みんなが見に行ったんですよ。そしてどういう人が下りてくるか、みんなで見てね。

豊口　柿川の港などに行ったんですね。

稲川　そうです、みんな見に行ったんですね。だから船が入ってくることを市民が見て、市民が見たことによって触発されて何かをしたい、自分は船に乗ってどこかに行きたい、東京に出たい、どこどこへ出たいという話になるんですね。

豊口　それにしては、今、市民は信濃川に冷たいですね。

稲川　信濃川はおっかない、魔の川だというイメージじゃないですか。

豊口　子どもに聞きますと、いい子は川で遊ばない、と先生に言われたと言って行かないんですね。

稲川　昔、信濃川は「しなん川」と言って、大川に行くと龍がいる、龍がいて龍に川の中に入れられるともうそれは帰ってこないのだという話でありました。我々子どものころは信濃川で泳いでいますと、腰から下は冷たいんですよ。引きずりこまれるわけですから、おっかなかったですね。だから長生橋の前名は臥龍橋だし、蔵王橋の前名は金龍橋ですし、みんなドラゴンが入っているんです。ドラゴンを征服するのが橋を架ける一番の大きな目的です。魔物を退治するんだ、そこに木の橋を架けるのだというのが、川向こうの人たちの思いで。

豊口　龍ですよね、水ですよね。

稲川　この辺は九頭龍神社とか、龍にかかわる神社が案外多いのです。

豊口　例えば、龍が暴れると大洪水になりますよね。大洪水のときに上流の方から背に木を載せながら水が流れてくる。ヤマタノオロチというのが洪水ですけれども、ああいう事故というのは相当あったんでしょうね。

稲川　あったんでしょうね。ヤマタノオロチ伝説はここの伝説ですから。龍が出るというのは、洪水などは神様の仕業だというふうに見たんでしょう。その龍を克服するというのが、長岡藩の治世だった。例えば、九代様は龍徳院様といって龍にちなむ、河井継之助も蒼龍窟、小林虎三郎も双松で龍、長岡で偉くなった人はみんな龍といっているんです。河井継之助は寅月生まれの寅の日に寅の時刻に生まれた虎だといっているのですが、自分は虎よりも龍になりたいと言って蒼龍窟という名前を付けたのです。やはり龍を押さえるというのが、侍の一番の希望だったみたいですね。

豊口　縄文時代の最後に火焔土器と称する土器が出ているのですけれども、あれは私はどう考えても暴れ川の水紋だとか、強風にあおられている水面の波がトサカみたいになっているという形にしか見えないんです。それを神に捧げる祈りの言葉としてその土地の人が作ったという、そういうふうにしかどうしても見えない。今、お話を伺って、龍だというお話があったときに、たしかにそれが裏付けされたような気がするのです。

稲川　やはり、川の民なんですよ。我々は今、山に向かって礼拝していますが、山は気高くて神がいる。我々の長岡は、火焔土器の出回っている所は、おそらく川に神がいると思ったんでしょう。川の民がこの流域にいて、流域の人たちが火焔土器を作ったんです。私はそう思っていますね。

豊口　私もそう思っています。だから神に捧げる言葉ですよね。

稲川　川に捧げる土器だったんですよ。そういう考え方をすると、火焔土器が火焔じゃなくなってくるんですよね。

豊口　水紋土器です、信濃川土器とかね。

稲川　小林達雄さんに怒られそうですね。

豊口　いや、あの先生は怒らないですよ。私が言ったら黙っておられましたから。だからおそらく、近い将来教科書もそういうふうに変わるんじゃないですか。これは長岡から発信しないとだめですけれどね。

稲川　相当歴史が変わりますね。

豊口　と思うのですね。だいぶ話がはずんでまいりましたけれども、この辺で、会場から何かご質問がありましたらお受けしたいと思うのですが、何でも結構ですがいかがですか。

会場　三つほどあるのですが、時間の関係で回答が無理ならば一つでも結構ですが、まず、柳というのが悪魔の木とかいうふうにおっしゃったように聞こえたのですけれども、そこを聞き漏らしたので、もう一度お願いします。それから、百俵の「こうりんぼう」が来ていると、それを人夫が引いたとおっしゃるのですけれども、何人ぐらいで引いたのでしょうかというのと、それから川幅が百㍍、片一方で引くと、船は針路が変わりますよね。両方から引かないと上の方には行かないという気がしていたのですが、百㍍もあれば無理ですよね、その辺のことと、それから百俵の「こうりんぼう」が善光寺平まで行くわけないですから、どこかで船を替えると思うのですが、その辺がどれくらいになって、さらに百俵からどれくらいの規模の船に替えているか、以上三点お願いします。

稲川

柳の木は悪魔払いの木だといわれて、例えば港とか入り口に昔は植えたんですね。お分かりのように柳の格好が人形《ひとがた》になっているようで、どうしても港とか街道の入り口に柳の木を植えて悪魔が入ってこないようにというのが、この辺の伝説です。柳の木は使い物になりませんが、そういう言い伝えなんですね。

「こうりんぼう」は引っ張ってきますが、川幅が二百㍍もありますから、前の舳先《へさき》に幾つかの曳き綱を入れて舵《かじ》取りをしながら二、三十人で引っ張ってきた。これは長岡の水島爾保布《にほふ》という人が「長生橋の図」というのを描いています。多い所で二十人ぐらいでしたので、大体十人ぐらいで引っ張ってきたと言っておりますが、これは水の上ですからそう抵抗がない。多いときで二十人ぐらいで少ないときは十人ぐらいで、女性が腰巻きをからげたり、男性がふんどしをからげて引っ張ってくるんです、格好いいんですね。女性は割烹《かっぽう》前掛けして引っ張ったといいますね。

豊口　女性も引っ張ったのですか。

稲川　女性は上半身裸だったということもありますが、それを見物に行ったという人もいたようです。それから善光寺平までは、当然「こうりんぼう」は行けませんから、胴高船に替えます。胴高船というのは底の浅い船だったのですが、百俵も二百俵も積めませんので、長岡の内川に入って積み替えをする。川口のあたりは大変だったみたいです。今は柿川ですが昔は内川というのですが、そこで必ず積み替えをするわけですから、こっち側で引っ張っていくわけですが、川が分かれているわけですから、こっち側で引っ張ったら向こう側へ渡らなければならないから大変だったわけです。そういう意味では、善光寺平まではだんだん浅瀬になってきて、明治のころはもう行っていません。

豊口　すごく現実的な話なのですが、引っ張った人の賃金というのはどれくらいだったのですか。

稲川　そこら辺は、今度本山先生に聞いてもらいたいのですが。大橋佐平伝を書いたときに、渡里町組とか山本町組という人たちが集まって内川のところで酒を飲むのですが、その人たちがどれだけの金をもらったかというのは、一日七百文ぐらいもらっているのです。七百文というとものすごいお金ですよ。そば一杯が十六文ですから、ラーメン一杯が十六文と二十文くらいですから五百円ぐらいだとすると、その何倍でしょうか、すごいお金です。船が信濃川を上下するのを通船というのです。信濃川を横断するのを渡し舟といいます。そういうふうに分けているんですね。

渡船業をやっている人と通船業をやっている人は全然生業が違っていまして、信濃川の川幅を渡る人たちと、船に乗って新潟へ行ったり善光寺へ行ったりする人というのは全然違うんです。船乗り人足の方が金がいっぱい入るらしくて、それになりたがるわけです。人足の人たちというのは船に乗れないのです。ただ引っ張るだけなんです。引っ張って帰ってきて、また引っ張ってと、それを何回も何回も繰り返すのですが、その人たちはすごくいい金をもらったと、冬などはすごくいい金をもらったといいます。星貴さんに言わせると、寒くてちぢこまってしまって、遊廓に行ってもだめだったという人がいますね。遊廓に行って遊ぶんです、彼らはひどい仕事をしているから遊廓に行くんですね、それで体を持ち崩して早く死ぬんです。

豊口　短命だったわけですか。

稲川　短命でしたね。川船をやった人たちは、すごく短命だったと思います。石切り人夫がそうですね。長岡にさえ来れば川船で稼げるという人たちが来るわけですから、その人たちは故郷を捨てて来るわけですよ。だからものすごく刹那《せつな》的な生活をするんです。長岡の商家の半分は大体借家なんです。長岡城下の商人の町というのはほとんど借家で、自分の持ち家というのは少ないです。その人たちは、栃尾とか見附とか遠い所から集まってきて、それは農村で食えないから長岡の町へ来て川船人足になったりするわけです。その人たちは一生懸命働くわけですが、自分たちに残すものがないから全部使ってしまうんですね、それが短命の原因です。だから、そういうのを考えると長岡に来る人たちのことを考えると切なくなります。

ところが明治になって、そういう地域から集まってきた人たちが、長岡に石油とか近代産業でつながるような、将来がつながるような産業が起こると、定着するんです。したがって小千谷からとか栃尾からとか、与板とか見附とか三島とか、そういう人たちが集まってきて、長岡の工場街をつくったり、それを今度は石油を信濃川で新潟に持っていったり、機械産業や製紙を作って産業を興したりして、信濃川をうまく使って、長岡の街が発展するんです。したがって、江戸時代は人間がいなくなっていく時代で、嫁になる女性もいなくて働くだけ働いて死んでいった人たちがいたのです。それが嫁になる女性が入ってきて長岡の街をつくっていき、人口が爆発的に増えてくるんです。明治時代以前は、長岡城下でいくら増えても一万八千人以上にならないのです。ところが明治になって戊辰戦争に負けて人間が減るかと思ったら、どんどん増えていく。明治五年には二万人になっているわけでしょう。明治十年には二万五千人になっているわけです。明治二十二年にはもう三万人を超えているわけです。そういう意味では、川というのは過酷な悲しい物語と、使い方によっては産業の街になっていったということです。

豊口　信濃川の果たした役割というのは本当に素晴らしいと思うのです。最初にお話をしたように、地球上の水の問題が今とやかく言われている。長岡に来て水道の栓をひねって水を飲んだら、実においしい。横浜の水は昔からいいといわれているのだけれども、今はもうだめになりました。それほど素晴らしい水が山から下ってきている。これは雪の恵みだろうと思うのですけれども、そういう素晴らしい生活、水の世界に住んでいる長岡、これはもっと人々にアピールしてもいいのではないかという気がします。

長岡に来たときに雪は雪害だということで、決してプラスのものではないという話を随分聞かされたのですけれども、しかし、雪の降る所というのは、地球上で考えれば文化が発達している所が多いわけです。そういう文化が発達している地域の中に長岡が入っている。四季のメリハリがはっきりしていますし、信濃川の水も、これは絶えることはないと思うのです。そういう恵まれた環境の中で長岡市民が、かつてはこの地域は交流と経済の中心地であったということを考えれば、もっと長岡そのものが、信濃川を活用しながら新しい時代を迎えていいような気がして仕方がないのですが。

稲川　長岡の人たちは、大河信濃川に常にあこがれを持っているんですよ。長岡の水は実は雪解け水もあるのですが、雪解け水は一時的ですよね。長岡の地下水というのは鉄分が多くて飲めないのです。今でも地下水が出ますと道路が真っ赤になってしまいます。だから飲み水には適していないのです。したがって長岡の人たちは信濃川の水を飲みたがる。したがっていかに信濃川の水を引っ張ってくるか、用水を引っ張ってくるか、それが歴史の課題なのです。大正十五年の上水道も信濃川の水にさえすればいい水が飲めるということです。これは本当に今恩恵がありすぎて、過去の人たちから見れば贅沢《ぜいたく》な話だなと言っています。

豊口　四国や九州に行けば、大阪などもそうですけれども、とにかく水がなくなることがよくあるのです。貯水池が干上って、節水をしなければいけない。雨は降らないという、非常に精神的に負担を感ずるようなことがよく起こるのですけれども、長岡では絶対そんなことは起きませんでしょう。だから私も長岡に来て水の心配をしたことはない。何というのか恵まれすぎているのでしょうか。

稲川　私は大正十五年の都市計画が間違っていたと思いますね。例えば萩だとかほかの街に行きますと、用水が、池があっていいねと思いますが、昔の長岡は当たり前だった。長岡はすべて道路の脇に全部水が流れていまして、ちゃんと下水も用水もよくなって、侍屋敷の脇にはちゃんと用水が通っていたわけですから、それを全くなくしてしまって道路になってしまった。ベニスのようにたくさんの用水が通っていたわけです。昭和通りは川が流れていたし、たくさんの掘割があったわけですが、そういうほかの、例えば新潟がそうだったといいますが、長岡だってそういうところがあって、水を引き込んでいました。お城の堀の水は、今の柿川の水を入れて満々と湛《たた》えていたと。昔の長岡城の堀は青みがかった素晴らしいものというふうにいっています。

豊口　今は意外に川に対して冷たいんじゃないですか。蔵王の城跡などに行くと、ひどいですね、あれ。

稲川　そうですね。

豊口　ボウフラがわきっぱなしという感じになっていますね。

稲川　長岡の信濃川には砂利取り船というのがあったのですが、川底を相当削りまして、水面が落ちました。これはやはり長岡の水がなくなってきた大きな原因ではないかと思っていますが。

豊口　今日伺ってみて、いろいろな社会的な問題も我々は抱えているような気がするのです。これから六回、自由大学が開かれるのですけれども、その中で広く視点を広げながら、もう一度、信濃川と生活とのかかわりを詰めていきたいと思います。時間がまだ少しございますが、何かご質問があればお受けしたいと思います。

稲川　最後に言っておきますが、昔、信濃川の水で顔を洗うと美人になるということわざがあったのです。したがって信濃川の水を切り売りして、ぜひ美人になる水だというふうにして売っていただければありがたいと思っています。これは国土交通省の方にお願いいたします。昔、わざわざ一月一日に信濃川に出まして、真ん中で水をくんできてお茶を飲む習慣があったのです。舟で行って、それが一番茶といって一番の贅沢だったわけです。そして信濃川の水で顔を洗うと美人になる。

豊口　年齢は関係ないのですか。

稲川　年齢は関係ないでしょうね。そういう話があったので。

豊口　一生続けなければいけないとか、そういうのはないですか。

稲川　水道の水が信濃川から来ていますから、長岡の人はみんな美人だと思いますよ。

豊口　そういえばそうですね。十二年前に来て、たしかにそうだな。きれいな人が多いなと思いましたけれど。

会場　豊口先生にはいつもお世話になっていますが、先生のお話を聞きまして、長岡の歴史とはまた別な形で、世界の水ということで最初のイントロでお話になりましたけれども、我々日本の大河である信濃川も、絶対的には水量が減っているのでしょうか。それからなぜ減ってきたのか。これを我々の子孫の子どもや孫に受け継いでいくわけですが、これに対しての対応の仕方とか、環境が大きく違ってきているのもつながっているのかなという感じがしますけれども、この辺が豊口先生が日本の中の水という大きな観点から、信濃川を大きな一つのモデルとしまして、長岡に在住している形の中でこの問題は大きく取り上げていかなければならないかと思っていますし、その中の方法論として、我々市民は豊口先生のアドバイスの中で市民運動を活発化していかなければならないかという形ですので、お考えがありましたら一言お願いしたいと思います。

豊口　川の水量が減っているか増えているかというのは、私、はっきり分かりませんけれども、長岡にいらっしゃる方に伺いますと、昔よりは流量が減っているのではないかというお話を伺ったことがあります。というのは、途中で川の水を活用している所が幾つかあるのだろうという気がするんですね。だけど、今現在流れている水の量を拝見しますと、十分を超えたぐらいの水が流れている。世界の川と比べるとよく分かるのですけれども、流れている水が非常にきれいだということですね。ある人に言わせると、昔の川はもっときれいだったとおっしゃっていますけれども、今でもきれいだと私は思っています。これは川上の人たちの生活、川に対する一つの考え方だと思うのです。

さきほど申し上げたように、世界のあちこちの川を見ますと、信濃川のようにきれいな水ではないんですね。特に中国の現状はあまりよくないのです。黄河の水はもうなくなってしまった。あとは長江、かつての揚子江の水はということになります。今から三、四十年前ですが上海に行きますと、メタンガスで目が開けられないくらい川底からガスが上がってきている。へドロが川底にたまっているわけです。上流の方へ上っていきますと、生活汚水がどんどん流れこんできて、結局へドロそのものが日本海にまで流れ込んできているのではないかと思うくらいなのです。

今、石油戦争が起こっています。エネルギー源として石油をどうするか。これははっきり我々の目の前で戦争が起こっているわけですからよく分かるのですけれども、エネルギー戦争と並行して、実は水の戦争が始まってきているということがいわれているわけです。パレスチナで戦争が起こっていますけれども、砂漠地帯で今なぜ狭い国境線をあっちへやったりこっちへやったりしているかというと、地下水をいかに確保するかということが問題になっているというふうに聞いています。既に水の確保で戦争が起こってきているということがいわれていきます。

そういう意味では、本当に我々が使えるような水が将来どうなるのかというのは、全世界的な問題になっているわけです。私たちは信濃川という川を見て生活をしていましても、その恩恵をつい忘れがちになるのです。これだけの素晴らしい川を、流域に住んでいる市民たちの力によって、母なる大河として、きれいな水を湛える川として大切にしなければいけないと思うのです。父なる大河なんてありませんから。その母なる大河をぜひ、私も微力ですけれども、信濃川の魅力に取りつかれておりまして、何とかして素晴らしい川として子孫に伝えていければいいと考えているんですね。

世界の川は確かに汚れています。日本の川はまだ十分蘇生《そせい》する力を持っているし、特にその中でも信濃川というのは、私の見たところではトップクラスの川だろうと思っています。その周辺にこれだけの文化があるわけですから、その文化も大切にしなければいけないという気はいたしております。これからも、こういう話があちこちで行われますけれども、その中で新しい一つの方向が、はっきりと見えてくるのではないかと思っています。

信濃川が造った越後平野と風景

～ファインダー越しに見た信濃川の恩恵～

写真家・新潟県写真協会長。昭和11年吉川町（現上越市吉川区）生まれ。昭和32年日本写真専門学校卒業、その後新潟映画社TVニュースカメラマン。昭和36年山本製版入社、商業写真部長を歴任。昭和39年6月16日27歳の時に新潟地震を体験、液状化の瞬間や昭和大橋の落橋等を撮影、ニューヨークタイムズ紙1面を飾る。昭和49年日本写真家協会、日本広告写真家協会に入会。昭和60年から昭和62年にかけて、写真集「豪農の館」「信濃川」「はさぎ」の3部作を出版。

弓納持福夫

yuminamochi ● fukuo

弓納持福夫×阿達秀昭

写真作品紹介の前に

弓納持　最初に、今日の写真がどんな本に収められているのか、皆さん、すべての本が絶版しておりますので、こんな本だというのをちょっとお見せしようと思います。

「豪農の館」、この本は相当前に出されて二万円する本でした。でも、半年ぐらいで売れてしまった。何と言うのでしょうか、旧地主さんの家をのぞいてみたい気持ちがいっぱい働いて、すぐ売れたのではないかと思います。その後、「信濃川」「はさ木」、それから新潟のもう一本の大河・阿賀野川を撮った「尾瀬下流」という本、それから良寛さんが見たであろう新潟の風景に良寛さんがうたった詩を脇に添えた「良寛歌影」という本、それから新潟県内で展開する日本画的な風景を撮った「新潟・四季茫々」という中の映像ですが、今日はこの前の三部の部分をお見せしたいと思っております。

阿　達　本来、トーク的なものが普通なのかもしれませんが、せっかく今日はゲストに弓納持先生をお迎えしておりますので、これまでいっぱい撮っている写真を皆さんにご紹介しようと思います。特にカメラマンを志願してからざっと五十年余、撮りためた写真のほんの一部ですけれども、新潟県ならではの、あるいは先生が新潟県を愛する中で「はさ木」と、今日のメーンテーマの信濃川、それから豪農の館、それぞれ信濃川にゆかりのあるもの、信濃川の恵みから由来するものを時間の許す限り映像で紹介したいと思っていますので、よろしくお願いいたします。

弓納持　大学という名前がついておりますが、ぜひ、ここに出てくる映像で和んでいただきたいと思っております。どうぞよろしくお願いします。

阿　達　世界に発表した新潟地震の大スクープ写真、たまたま発生時に新潟空港におられた先生が、当然のことながら新潟空港周辺の、それまで世界でも例のなかった液状化現象を撮って離陸しただけではなくて、空からの信濃川を含めた新潟の惨状をとらえておりますので、それも最初に紹介していきたいと思っています。それについては、動く画面で撮った部分がありまして、これまでもテレビなどでご覧になっておられる方がいるかと思いますけれども、静止画で皆様に紹介するのが、ある面では本邦初公開かなという貴重なフィルムになっております。

（スライド上映）

これから本題に入らせていただきます。信濃川、皆さんご存じでしょうけれども、日本一の長さを誇ります。三百六十七㌔、流域面積が約一万二千平方㌔、これは利根川、石狩川に次いで三番目ですけれども、それだけ大きな川です。流れ込む川が八百本ぐらい、流域には三百万人が住むといわれています。私は、新潟市になりましたけれども、一番端っこの新潟市（小須戸）矢代田に今住んでおります。毎朝、新潟日報本社までの通勤、約二十㌔なのですけれども、ずっと信濃川の右岸を通ってきます。ちょうど今はサケの遡上《そじょう》の時期で、すてきな秋の風物詩と言えるかもしれません。春夏秋冬、先生がお撮りになっているさまざまな信濃川、四季折々のいろいろな姿、素顔を見せます。これをわずか二十㌔ではなくて、それこそ河口の新潟西港から山梨、埼玉、長野の三県に位置する甲武信岳、これは源流なのですけれども、ここまでたどれば、もっといろいろな顔が見られるだろうということです。清らかな源流、それから急峻《きゅうしゅん》な上、中流付近、そして越後平野を滔々《とうとう》と流れる下流付近と、川沿いには多種多様な動植物が生息し、太古の昔から人々がたたずんできました。そこには伝説もあり、祭りもあり、信仰も育《はぐく》まれてきました。住民たちは、信濃川がもたらす恵みを享受し、豊かな実りを手に入れながら生活を営んできました。古来、魚や貝を取り、鳥を撃ち、鹿を追いかけ、米を作り、船で物を運び、信濃川を上り下りしながら人、物、文化、産業が交流を続けてきました。信濃川・母なる大河、心のふるさと、癒やしの風景、これは先生が普段言葉にされております、信濃川に対する思いです。一方で、洪水と治水、つまり氾濫する川と、それを抑えようという大自然と人間の闘いの歴史でもありました。

今日は信濃川自由大学、第二回講座です。テーマは信濃川が造った越後平野と風景、先生がお撮りになったファインダー越しに見た信濃川の恩恵がテーマです。弓納持先生は普段見慣れている何気ない景色でも、季節や時間ではっと息をのむような美しい瞬間が必ずあると、その瞬間こそ写真でなくては表現でき得ないのではないかと指摘しています。そして、信濃川については、歴史、文化など数え切れないほどのテーマを包含している、新潟の中にある穏やかでやさしい風景の代表ではないかと話されています。ご出身は、先ほど紹介があったように上越市吉川区、旧吉川町ですが、上越の地域には流れていませんけれども、越後平野に恵みをもたらした母なる川と先生は称していらっしゃいます。そして、母なる川といえば、仕事に行き詰まると、必ず信濃川を見に行くそうです。すると、決まってほほえんで迎えてくれるのだそうです。信濃川と信濃川がもたらした恵みの風景を弓納持先生が撮影された動画、あるいは静止画、映像を通して拝見しながら講座を進めていきたいと思います。それでは先生、よろしくお願いいたします。

新潟地震の災害報道とスクープ

弓納持

液状化の瞬間をお見せします。新潟市というのは信濃川の河口にあって、そこでできた街ということになりますと、新潟地震のときでも大変な液状化が起きたわけです。当時、私は新潟空港にいまして、今ではいくらでも、どなたでもＶＴＲで撮ることができるでしょうけれども、たまたま８ミリカメラを持っておりましたので、動く映像が撮れております。最初、動く映像を見ていただいた後に、それをもう一回ブローアップしてフィルムに置き換えて、皆さんに液状化というのはどんなものかコマ止めにしてお見せしようかと思っております。そのときに新潟周辺、特に信濃川周辺がどのような液状化の影響を受けたのかという映像も、併せて見ていただこうかなと思っておりま

新潟地震　液状化の様子

す。

最初、液状化ということは全然分からないので、水道管か何かが破裂したのだろうと思って撮っておりました。セスナで、私が直後に新潟を離陸しておりますが、この時点で約一階の半分ぐらいは水に浸っており、ビルは静かに沈下しております。

今の新しい空港ターミナルになるまで、位置は三回変わっておりますが、一番最初の空港ターミナルのビルが沈む状況を撮っているわけです。

地震があって、空港ビルから皆さんが飛び出して逃げてきました。揺れているときというのは、私も現場に立っていることができずに、地面にはいつくばっておりました。でも、何か写真に撮りたいと思ってカメラを構えるのですが、カメラというのも最初は8ミリカメラではなくて、当時、新聞社や何かが使うスピードグラフィックという九センチ、十二センチの大きさに写るフィルムのカメラを持ち上げて、何か撮ろうとしてはいつくばりながら周りを見回したのですけれども、ただ揺れるだけで、映像にすることはできなかったわけです。そのときに、それがおそらく一分か二分たってからだと思います。飛び出した人たちが、空港ビルを振り返ったときに、「ビルが沈んでいるぞ」と、どなたかが声を出したのです。それなら写真に撮れると思って、8ミリを持つ前に二枚だけ、ここでその大きいカメラでシャッターを切っております。その写真は今ありません。そうだ、このビルが動いているなら、8ミリの動く映像で撮るべきだと思って8ミリカメラを持って、これを撮影し始めました。

まず、一部分を撮って、それからビルが静かに沈んでいく全体を撮影したのですが、全体を撮っているときには、このビルの沈み方が緩くて分からなかった。それでズームアップしていくわけです。そうすると、飛行機に乗るために人が出入りする部分から五秒ちょっと過ぎてから、ドカーンと水が出てくるわけです。先ほど言ったとおり、これが液状化の水ということは全然頭にないわけで、水道管か何かが破裂したのか、切れたのだなと思って、それでもこれはえらいことが起きている、ビルが沈みながら水を噴いている。この状況は絶対正確に撮ろうと思って、ずっと回しているわけです。

この辺はあわてて撮っているものですから、カ

新潟地震　液状化し、沈む新潟空港ターミナルビル

メラがぶれています。

この時点では、まだ一か所からしか水は出ておりません。しかし、次の瞬間、ほかからも出てきています。この瞬間でもこのビルは、沈んでいっています。そして次第に終息していって、約二十秒後ぐらいに、すーっと終わってしまったのです。収まったのだなと思って、それでもカメラを回し続けますと、今度は少しずつ違うところから出てきます。おそらく揺れて液状化が始まって三十秒ですから、遠くに昭和石油の最初に火を噴いたタンクがあったものですから、おそらく揺れたすぐに火が出たのだろうということは、読み取れるのではなかろうかと思います。

実は、ＢＳＮがテレビ放送を始めたときに三年ほどニュースカメラマンをやっていましたので、何をどう撮ればいいかと、一か所だけではなしに、その周りで何が起きているかということも、ニュースとしてはカット割りで撮るわけです。そういう学習をしていたものですから、ビルだけではなしにその脇、これは全部液状化して噴いている水、これはそこから逃げていく人たちなども撮りました。振り返ると、空港のエプロンを水がずっと流れていきます。人が逃げまどっています。私は飛行機で脱出するわけです。実はこの時点で膝《ひざ》以上、腿《もも》ぐらいまで私は水に浸かって撮影をしておりました。ということは、脇にカメラを全部おいていたのですが、あっ、しまった、水に全部浸かってしまっただろうなと思ったのですけれども、幸いそのとき、脇にアシスタントがいてくれて、全部飛行機に機材を積んでいてくれました。私が夢中になって撮影をしているときに、この飛行機のパイロットが、「弓納持君、こんなところにいたら死んでしまう、空へ脱出するぞ」と言って迎えに来てくれるわけです。私も我に返って、飛行機に飛び乗って上がっていくわけです。でも、その前にまだ回しています。水がずんずん広がっていきます。もう一回、空港ビルの方を振り返ると、先ほどはこのフェンスの向こう側から水が出ていたのが、このフェンスのこっち側からも水が出ています。あらゆるところから水が出た。そして空港を後にするわけです。

この話だけで一時間は終わってしまうのですが、そういうわけにはいきませんので、簡単にしますと、飛行機は滑走路を使って離陸していきます。その中にはすごいドラマがあるのですが、今日は省略いたします。どう見ても、液状化の一番激しいところに私が立っていたことだけは間違いありません。そして、そこから飛行機が離陸できたというのも、奇跡以外の何ものでもないと思うのです。水の中を飛行機が通ってくるわけです。ひび割れしていたら、軽自動車ぐらいの車輪しかないものですから、それでおしまいだったのですが、幸い飛び上がることができました。飛び上がったときにパイロットが私に、「弓納持君、こんなチャンスは二度とないのだ。この飛行機には満タンガソリンが入っている。写真を撮りまくってくれ」と。私ももちろんニュースをやってきた男ですから、すごい現象にぶつかっている、でも、俺だけ空に脱出して生きてしまっていいのかなと思いながら、それと、十日前の国体入場式の日に長女が生まれたばかりで、新潟に置いたまま離陸していってしまうという複雑な涙を流しながら離陸していたのです。パイロットが、「何をめそめそしているのだ、写真を撮りまくれ」、「分かりました」と言って、地面に近づいていくわけです。うんと近づいてくれと言ったら、これまたパイロットに怒られました。「こんなところにうんと近づいたら、あおられて落っこちてしまう」のだと言われましたけれども、できる範囲でということで、こういう写真が撮れているわけです。それで、新潟の上空にきました。私が目の前で見たビルが沈むという現象、いろいろな阿鼻叫喚の部分を見てきて、真ん中に来たときにビルがしゃんとしている。これは大丈夫だなと直感しました。

次に、当時佐渡汽船があったあたりの少し下流から火災が発生しているのです。ここから火が出たということは、昭和石油が燃えていることは分かっていますし、西新潟側から火が出ると、これは全部燃えてしまうなと、

新潟地震　新潟市上空から

これはえらいことだと思って、ここを慎重に撮ったのです。ところが、何が幸いするかと言われると、新潟地震のときの液状化が大変な被害をもたらしたわけですが、実はこの周辺、液状化の水で全部覆われたわけです。この火災はこれ以上広がらなかった。消防車も、もちろん来ることはできません。すごい勢いで燃えているのですが、全部水に囲まれたということです。

また上流の方に来るのですが、昭和大橋が落ちていてここを中心に映像を撮ろうと思って、あらゆる角度から撮っています。体育館、数日前まで国体をやっていた競技場、今県民会館になっている所、今「りゅーとぴあ」ができている、そのあたり一帯です。

新潟地震　落下した昭和大橋

新潟地震でもう一つ、うんと特徴的だった、県営アパートが倒れたというのがあり、よく見ると、ここに映像として写っているのですが、そのことには気がつかずに、今でもあれが撮れていれば、と残念でしょうがないのです。

地震のとき、昭和大橋の上にもちろん車がいたのでしょうけれども、川に落ちる車はなかった。どうも後からいろいろな専門家の話を聞くと、揺れで橋が落ちたのではなしに液状化ないしは液状化による地盤の動きだろうと。先ほど私が空港で体験した、揺れているときには何も起きずに、二分後くらいに液状化が起きたということを考えると、ここに乗っていた車は通過できたのではなかろうかと、そのため川に落ちなかったのではなかろうかと思います。この下で働いていた福田組の関係の方で、水道工事をしていた方がいたそうですけれども、その人も脱出できたそうです。ですから、揺れてから落ちるまでの時間はかなりあったのだろうと思います。

今の白山小学校、このあたりの液状化が一番激しく、陸上側から川の中心に向かって約五㍍ぐらい動いたのではなかろうかということだそうです。液状化はただ沈下するだけではなく、横に動くのだということが大変な問題になっているそうです。もし東京でその現象が起きたら、下町はえらいことになるだろうと言われ始めているそうです。それから、横に動いた証拠に、プールがあるのですが、これも少しずれたような形になっています。この部分が一番激しく動いたであろうといわれています。

県民会館というのは、新潟地震のときに全国から寄せられた義援金を基に建てられたといってもいい。正式の名前は県民会館でしょうが、震災復興記念会館という名称も確かについているはずです。

この写真がニューヨークタイムズ一面トップと、それからロンドンタイムズだとか各世界の新聞がトップで扱ってくれたという写真です。当時として橋が落ちている、向こうでコンビナートが燃えている、民家が燃えているという不思議な写真だったのではなかろうかと。後ほどの新聞社の写真を見ても、こういう映像を撮っていました。

萬代橋の上から見ると、津波がくる前から既に材木が流れていました。昔はこの辺にバラックがいっぱいあって不法建築だったのですけれども、その残骸でもないと思うのですが、どこから流れてきたのか、材木がいっぱいありました。人が右往左往しているのが飛行機の上から見えました。

流作場五差路ですか、ここはみんな水で、水の

ニューヨークタイムズ一面トップに掲載

ないところ、ないところを人が歩いている。動きが取れないバスがいっぱいたまっていて、みんな水のないところを渡っているわけです。

次に明石通りでは、清水商店さんというのが相当激しく横に向いてしまった。私はそこを相当超低空で飛んでいるのですが、飛行機を見ている人は一人もいません。みんな黙々と歩いていました。足元が危ないわけですから、空を見る暇はなかっただろうと思います。そして駅から東側を見ると、東跨線橋《こせんきょう》が落ちています。

白新中学校あたりでも周りは水でした。生徒さんたちは水のないところに避難していました。白山駅のあたりでも、線路はすごく影響を受けたということです。

コンビナートに戻ってきてみると、広く見せられると分からないのですが、液状化で全部タンクが浮いてしまっていました。この中に毒物が入っていたりしたら、相当危険な状態だったのだろうなという気がします。

最後に、もう一回空港を撮るわけですけれども、滑走路はひび割れて、空港ビルも液状化した水と自分自身が沈下したというのと合わせて、完全に一階分沈んでしまったわけです。

一番最後に見たのが松浜橋の古い橋です。今の松浜橋は建築中で落ちてしまいました。古い橋をその当時は使っていて、ここに二台の車が取り残されました。うち一台はタクシーです。実は、この大変な状況の中で、船がこの人たちを助けに来るのです。私はそれを飛行機から見たとき、新潟の人はすごいぞと、こんなときにでも人を思いやれる気持ちを持っている人がいるのだというのを見て、涙が出ました。それくらい感動したのです。

一番最後に新潟を離れるときに、今の新潟バイパス、高速道路の上あたりから新潟を振返って、カラー写真を撮っています。

その後六月三十日になってから、アサヒカメラに頼まれて、是非、その状況を撮ってほしいということで、昭和石油の燃えた跡を何枚か撮って、本に載りました。地震に関しては、これで終わらせていただきます。

信濃川が造る越後平野の風景

世界のスクープといいますか、信濃川を語るにしてはすごい写真から始まって、これからまた〝がらっ〟と変わったようなきれいな風景が続きます。

昭和三十九年、二十七歳の時に先生はこの衝撃的な新潟地震に出くわしたということは、それからのカメラマンとしての先生に大きく影響していると。

阿達

ある面では、私はそれを機に東京に出ただろうと思われた方もいたのでしょうけれども、私はやはりそれは偶然に撮れた映像なのだから、やはり新潟の地に足をつけて仕事をしていこう

弓納持

と思いまして、新潟にとどまりました。

阿　達　それまで報道写真も撮っておられたわけですが、報道写真的なものから商業写真に大きく旋回していく原点になりますか。

弓納持　はい。

阿　達　なるほど。では、今までのすごい惨状から一転してきれいなものになります。また先生の解説で楽しんでください。

弓納持　信濃川は、実は皆さん今日、夕方ご飯を食べられた、ないしは朝、顔を洗われた、これからお風呂に入る、その水は信濃川の水であると思われた方はあまりいないのではないかなと思います。私は極端に言えば、自分の体の中に流れる血の一滴までも信濃川の水であると思っております。その川を今までずっと見ていて、私の以前に日本一の川である信濃川を写真集に収めていらっしゃる方

小千谷市上空から

がいなかったので、これは私のためにとってあった題材なんだなと思って、信濃川を撮ろうと。でも、信濃川を見たときに、すごく映像にしにくいのです。でも、自分が地震後、それから何年か積み重ねてきた自分の技術をもってすれば、何とか新潟の母なる川の信濃川を撮ることができるだろうと思って、あらゆる角度からいろいろな場所を探してみました。信濃川ですから、千曲川は撮らないでもいいい、信濃川だけを撮ろうと。

最初にまず、信濃川は黄金の川であるぞと。飛行機をチャーターしまして、特別許可を取って、小千谷のあたりで撮って、たまたま光の加減で自分の思っている黄金の川に写ったなという映像があります。

信濃川で一番有名なのは、上流の方の河岸段丘です。もちろんこの川がこれを造ったのでしょう

加茂市上空から

けれども、この河岸段丘の間を流れているというのが地上ではなく、空から見ると非常によく分かるのではないかと。

阿達　信濃川の写真集、百枚近く写真がありますが、冬に撮った写真が結構多くありますよね。

弓納持　私、先ほど信濃川を撮るのは難しいと言ったのですけれども、確かに難しいのですが、季節、時間をうまく利用すれば、撮りやすい映像なのです。撮影を始めるときに、秋から始めることにしています。秋、晩秋でいろいろ気象条件が変わっていく、初雪がある、雪が積もる。そこに展開する風景が、普段見慣れてはいても、雪というオブラートである程度包まれるのです。地図の上でよく見れば、信濃川が蛇行しているのは分かるのですけれども、そんなふうに地図を見ることはまずなくて、映像で見せられると、これはアマゾンではないかと、アマゾンには雪が降らないでしょうけれども、それほどS字形に曲がっているわけです。このS字形を頭に入れておいていただくと、非常に分かりやすい映像になるかなと。

阿達　加茂と新潟市（旧白根）の間ですね。

弓納持　そうですね。このあたり、梨の花、桃の花、大変きれいですよね。その映像も後ほど出てきます。中ノ口川はここに流れています。

阿達　きれいなS字ということで興味を持たれているのですか。

弓納持　私自身の中にも、信濃川はこんなに曲がって見えるというのは、初めてでしたので。

阿達　わりと直線的に流れていると思いますよね、でも、S字形で大きく蛇行するところもあるのだよという。

弓納持　そうですね、自然は直線ではないという、まさにその言葉どおりかなと。

越後川口あたりで撮っていたとき、マイナス十度ぐらいまで下がったことがありました。それくらいまで下がりますと、川から蒸気が立つわけです。よく朝のニュースで、北海道で川霧が凍って、ダイヤモンドダストになったよというニュースがありますが、マイナス十度ぐらいになると、新潟でも全部ダイヤモンドダストになります。

信濃川には渡し舟が二か所あったのです。一つは今はもうなくなりましたけども、真皿の渡しという。この辺に橋ができましたので、この渡し舟は必要がなくなったのですけれども、昔はこういうふうに情緒があったと。情緒と言っていいのかどうか分かりませんけれども。

阿達　生活の面もありましたでしょうし、農作業もあったでしょうけれども、今はもう牛ヶ島（川口町）ぐらいでしょうか。

弓納持　私は、上越、吉川町の生まれで、雪が一晩に一㍍くらい積もることは平気です。ですから、雪の中での生活というのは、屋根の雪下ろしから雪踏みからすべてやらされたので、雪は苦しいというのは、生活の中でいやというほど味わってきています。でも、ニュースだとか新聞社でなら、そういう映像は必要だろうけれども、私は雪は美しいよという撮り方をしたかった。

阿　達　墨絵のような。

弓納持　私は県庁の近くに住んでいますが、いい風景はすぐ足元にあるよと。

阿　達　灯台下暗しですね。

弓納持　何も遠くへ行かなくても、いい風景、気象条件さえ合えば、ないしは平生の行いがよければ、良い風景に会う確率は高いのです。

阿　達　県庁もこう見ると、さまざまないい風景になりますね。普段は単調の建物で何だという感じがしますけれども、すてきですね。

弓納持　でも、うるさいものが写らなくなるような霧が出るというのは、年に五回ぐらいしかないので、その辺は気を付けて見ていないと。

誰しも風景を撮っていると思うのですが、お月さんを写したいなと、萬代橋とお月さん。お月さんを撮るのは皆さんだいたい夕方と思われるで

県庁（新潟市）

しょうけれども、実は私は朝、撮っているのです。佐渡の方へ沈んでいこうとするお月さんを撮っている。実は、一月ごろ写真を撮ったときに、びっくりするぐらいの霧が出てきたことがありました。こんなきれいな萬代橋は見たことがないというくらい。

阿　達　かなり気象の予報的なものも調べられて行かれるわけですか。

弓納持　偶然。風景写真というのは、偶然の出合いが八十パーセント以上あると。でも、なぜそういうふうに偶然にいっぱい会えるかというと、回数を通っているからということはいえるかと思います。

阿　達　現場百回ですか。

弓納持　私の経験では、信濃川の新潟市のあたりに桜が咲いているときに、かなり霧がかかる確率が高い

萬代橋（新潟市）

のです。今までの経験だと、数年に一回は、そういう状況を見ることはできます。美しいときの萬代橋を見ると、本当にヨーロッパの大都会の、テムズ川か何かに架かっているる風景といっても間違いがないくらい、こういう風景に出会ったとき、本当にうれしいです。

阿　達　得したという感じですか。

弓納持　私だけ、こんないい風景を見ていいのかしらと思うほど。

先ほどのS字形のところから弥彦山を望むと、こういうふうに見えますよと、春先と秋にちょうど弥彦山の真上に夕日が落ちていきます。まるで弥彦山から川が流れ出しているのではないかと思えるほどです。よく注意して見れば、こういう景観、こういう情景というのは、これだけ長い川ですから、いくらでもあるわけです。

また、桃の花は誰でも知っていますし、梨の花も遠くから見るときれいなのですけれども、うんと間近に見せられると、梨の花もきれいです。桜の花見だけではなしに、梨の花も花見をしてほしいなと。しかし、この時期、この下で授粉するために働いている人もいますから、あまり脇で酒を飲んでいるわけにはいきませんでしょうけれども。でも、やはりこういう素晴らしい景観が信濃川沿いにうんと展開していますね。

阿　達　長野県側の飯山付近もかなり花畑が広がっていますけれども、新潟の河川敷もずっと花畑ですね。

弓納持　こういう目で見れば、本当に素晴らしいと思います。

桃や梨ではなしにニセアカシア。十日町に近づきますと、越後川口とか小千谷とかというところに、川岸にはこういう花が咲いています。

先ほど朝、皆さん顔を洗った水が、信濃川の水であるというふうなことをちらっと言いましたけれども、この新潟平野、これほど広い平野を潤している水も信濃川の水である。これほど隅々まで水を行き渡らせるという技術、これは漠然と見ていれば、そんなことは気がつかないのですけれども、私もたまに農業関係の仕事もさせられることがあるので、すごいことではなかろうかと思うのです。

阿　達　簡単に灌漑《かんがい》排水と言いますけれどもね。

弓納持　梅雨時になって、新潟の上空にちょうど前線が停滞しますと、その前線の上の雲がポンと外れると、そこは雲がないのです。そういう日の、日の出前、それから夕方は、新潟の上空にある前線に太陽が当たって、すごい色に

梅雨前線の雲（新潟市）

なる。これは早起きは三文の徳といえる風景ではなかろうかと。千歳大橋の上から見ていると、川船がいたりします。今でこそ、なかなか川船は見られませんけれども。

阿　達　私、今日、見ましたよ。砂利と砂を積んでいる船が走っていました。

弓納持　今は砂利船とウオーターシャトルだけですよね。新潟地震のときに、あの昭和大橋の下を四、五隻の船が通っていましたけれども、それを考えると、今はこういうふうに三隻も四隻もという情景は、なかなか見ることはできないですよね。

先ほどもう一か所、渡し舟がありますよと言ったのは、牛ヶ島ですか、今回の地震の中心地と言ってもいいあたり、これは対岸に農地があって、こちらの方が舟で通っている。ですから、農作業の格好をした人たちが舟で渡るという形が見られるわけです。

夏を迎えると、虹が出ている情景はよく皆さんも見るのでしょうけれども、写真に撮りたいなと思っても、だいたいいい虹が出たとき、カメラを持っていないことが多いのです。それから、夏の雲、新潟の夏というのは、なかなか湿気が多くて、クリアに空がきれいになることはないのです。フェーン現象や何かが起きれば、クリアになる。ですから、フェーン現象が起きるということが分かったら、カメラを持って川岸に出てほしい。そうすれば、こういう入道雲を撮れる確率は高いですよ。

風景というのは、こういう美しさで追っていっても、ひょっとして時間がたつと、貴重な映像に変わりうるのだと。ですから、撮っているときは単なる風景写真かもしれませんけれども、時間という経過によって、相当貴重な映像として蘇《よみがえ》ることがありますよということを皆さんに言っておきたいです。

実は、これも意外と皆さん、気が付いていないのですが、新潟は港だと。考えてみてください。新潟の港、信濃川を見ていて、水位が上下するということを感じたことがあるでしょうか。太平洋側の川ならば、大変な話です。水位が潮の干満によってうんと変わるわけです。信濃川はそれがほとんどゼロに近い。ですから、こんな大きな船が入れる。

阿　達　新潟地震の写真で、川の水がかなり逆流しているような写真がありましたけれども、普段はないわけですからね。

弓納持　そうですよね。

この船は二万六千トンあるそうです。これに乗ってウラジオストクに行ったのですけれども、こういうふうに大きな船が常時入ってこられるという港、しかも信濃川を遡《さかのぼ》ってこられるという。何でもないことのようですけれども、大変な宝物を私たちは信濃川から与えてもらっているのではないかという気がします。

阿　達　かなり砂を運んでくるでしょうけれどもね。

弓納持　浚渫《しゅんせつ》は大変でしょうけれどもね。

阿　達　新しい風景ですね。

弓納持　新しいこういうふうな風景。でも、萬代橋や今の新しい橋だけではなく、八千代橋も見方によっては非常にいい風景です。新潟地震のときは、これは影響を受けていないのです。昭和大橋が落ちた、萬代橋の上下はちょっとおかしくなった。でも、この橋はほとんど影響なしで、すぐ供用されたはずです。その橋もなかなかいい情景を展開しているのではなかろうかと。

新潟県で写真を撮りにどこへ行ったらいいですかと言われるときに、今、ちょっと行きにくくなっていますけれども、山本山の上へ行かれたらどうですかと、その下には信濃川が流れていますよ、越後三山が真正面に見えますよという情景が展開しているわけです。ですから、今はちょっと地震で上がれないかもしれませんけれども、秋になるとカメラマンが大勢いたというところです。

阿　達　いわゆるお薦めの撮影スポットですか。

弓納持　行って、まず間違いない写真が撮れる。

一昨年の十二月一日、私は十二月一日生まれなので、天から私に恵んでくれた風景の一つだと思って撮ったのですが、実はこのときに太平洋側に台風があったのです。その台風の雲がちょうど新潟、佐渡の上までそり、雲があって、向こう側に雲がないのです。そこに落ちていった夕日が、この上空の台風の端の雲を照らしているという状況、これもテレビを見ていたら計算ができたので、カメラを持って誕生日プレゼントだと思って、撮りました。ですから、私にとっては、やはり信濃川というのは大変な宝なのかもしれません。

阿達　信濃川は時間や季節や、あるいは場所が変わると別人のように次々と描かれているし、姿が見られていると思います。また、信濃川がもたらした恵み「はさ木」もそういった面で昔、あちこちで見られたシーンなのでしょうけれども、これもだんだん少なくなってきました。コンバインや乾燥機の普及、アメリカシロヒトリに食われる被害、あるいは日陰をつくるのがよくないということで、減ってきました。先生もこの「はさ木」についてたくさんの写真を撮り続けました。他の地域も稲を乾燥させるという意味ではさまざまな方法があるのですけれども、農道の両脇にこういった

はさ木（新潟市・旧岩室村）

形で木を植えて稲を干すというところは、北陸あるいは新潟に見られる独特のものです。稲作が普及して、それこそ九世紀あたりから京都から伝わった手法だといわれています。

弓納持　「はさ木」は新潟だけと思われているでしょうけれども、実は琵琶湖の周辺、京都だとか滋賀県にもこういう木を田んぼの脇に植えているところがあります。そこは景観として残しておこうという運動をして残しています。しかし、新潟のように、何本もあるという映像ではないのです。畦《あぜ》に一本か二本植えて、農作業のための日陰をつくるという使い方をされているようです。ですから、この「はさ木」は新潟だけのものではないと。岩室のあたりで撮ったものの木の種類は学名でいうと、トネリコです。普通、タモギだとかいろいろ言い方がありますけれども、トネリコだそうです。山手の「はさ木」、ハンノキを使ったもの、それからごく特殊にポプラの木を使った「はさ木」もあります。新潟の風景、新潟平野の風景、本当はこれを残してあれば、今どこの平野でも同じような景観になっていますけれども、ランドマークとしてこんな素晴らしいもの、しかも生活の用をなしてきた素晴らしい文化であるものが、効率を優先させるがために切ってしまった。今にして思えば、やはり残念かなという気がします。

阿達　いったん切ってしまったものは、植えるのに時間がかかりますものね。

弓納持　そうですよね。まさに情景、情緒そのものではないかという風景ですよね。この写真展を新潟でやったり、東京でやったりするときに、皆さんこの映像に自分の生活の体験を重ねてくれるのです。風景写真の一番輝く瞬間というのは、見る人がその写真に自分の思いを重ねてくれる、見る人がその絵に自分の思いを重ねてくれたときに、この映像が最高に輝く瞬間だというのが私の風景論です。

阿達　私の場合ですと小さいころ、はさがけで、下から上にいる親たちに稲を上げたり、あるいは稲が終われば、そこでくるくる鉄棒のように回ったり、学校の登下校時に、稲藁《いなわら》のにおいを嗅《か》ぎながら通学したという記憶があります。

そういう思いをふっと引き出してくれる映像が、私は最高の映像ではないかと思っているのです。

弓納持　昔、私が新潟に来たころ、四十五、六年前ですけれども、阿賀野川の周辺だとか蒲原平野で、やはり水路があって、そこを刈った稲を舟に積んで運んでいましたよね。そういう風景を私はどうしても撮りたいと思って、蒲原平野を探しましたら、ありませんでした。きれいに整備されて、直線になっ

はさ木（新潟市・旧巻町）

ていますから。先ほど映像として美しさで追いかけても、それは時間がたてば、何かすごい記録になるよという。巻町、今は新潟市ですけれども、桜林というところに四十本あった木を二年ぐらい追いかけた写真があるのですが、この木を持っていた高橋ヨシオさんという人が、おまえさんたちが写真を撮りにくるまで何とか守るよと言ったのですけれども、この近くに大通川という大きい排水路、それこそ世紀の大工事といわれるくらいの農業排水路ができたので、その残土でこの辺の基盤整備をやったりで、これも既になくなっています。

阿達　先生が「はさ木」に惹《ひ》かれているものというのは、どの辺にあるのでしょうか。

弓納持　新潟の風景を撮るときに、暗いというイメージを、暗さで表現されてきたものというのは多いと思うのです。代表的なものでいえば、濱谷浩《はまやひろし》さんの裏日本だとか、そういう映像だとかで、一言で裏という意味で切り捨てられてきたような気がするのです。でも、それはそこに住んでいる者にとってみたら、ちょっと違うのじゃないのと、特に日本海という言葉をほかで使えば、いつも荒れているように思われていますけれども、とんでもない話でね。

阿達　ちなみに先生が尊敬される林忠彦《はやしただひこ》さんは驚くほどの感性と写真に対する執念の賜《たまもの》という評価をされていますけれども、一見、何の変哲もない木の羅列だけれども、芸術的な薫りが満ちあふれているということを述べていらっしゃいますよね。

弓納持　私、新潟を表現するときに、先ほどの信濃川もありますけれども、この「はさ木」を通して新潟の平野に展開する美しさ、それが撮れるのではなかろうかと。やはり行ってみると、風景はほほえんでくれるというか。だから、今、写真をやり始めた方は、こういう風景を撮りたいだろうなと思っても、なかなか難しくなって。

阿　達　今は一部天然記念物風に残っているだけですものね。

弓納持　そうですよね。よく考えてみると、一面の水をコントロールして、それが信濃川の水である。信濃川の水は黄金の水である。まさしく黄金の平野をつくり出してくれているわけです。

阿　達　黄金の実りですね、潤しているということですね。

弓納持　ですから、私はこの「はさ木」の本には、秋に刈り取った黄金を身にまとった「はさ木」というふうに表現したこともあるのですけれどもね。

阿　達　黄金のカーテンとかね。

弓納持　今ごろの季節、この「はさ木」があったら、新潟平野の朝は素晴らしい情景が展開しているのです。こんな風景、自分一人で楽しんでいいのかしらと思いながら写真を撮っていました。でも、ひょっとして、自分一人で楽しんでいても、皆さんにこうやって見てもらえるという幸せもあるのかなと。

阿　達　先ほど先生とお話ししたら、豪農があるのが北海道と新潟、圧倒的に面積が広い北海道はともかく、ある意味では新潟が豪農の中心地ではないかという話がありました。豪農の館について伺いたいのですが。

弓納持　今ほど北海道は広いので、豪農がいっぱいあるだろうと、確かに多いです。五十町歩を基準に考えますと、新潟が百七十、北海道が三百六十六あります。それから、百から二百町歩を考えると、新潟が五十四で、北海道が百八十二、千町歩で新潟が五、北海道は十あります。新潟は全部で五百町歩から千町歩以上を考えると二百六十四、北海道は六百五十九、さすがに北海道。でも、本州はどうかといいますと、山形に五十町歩以上が七十五、百町歩から二百町歩で三十六、二百から三百で八、三百から五百で三、五百から七百で一、それから千町歩以上が、本間さんがあるので一で百二十四です。ちょうど新潟の半分ぐらいです。じゃあ、信濃川の上流の長野はどうかというと、五十町歩が二十四、百町歩から二百町歩の間で六

星名邸（川西町）

阿達　しかありません。
　これも、ひいては信濃川の恵みからきている館ですから、古い建物として残しておきたいというものも、いくつかあろうかと思います。

弓納持　川西町の星名さんというお宅、ここは約百五十町歩ぐらいもっていらした。中はケヤキで、漆を塗ってという大変重厚なお宅です。

阿達　豪農ならではですね。

弓納持　長岡の吉乃川は酒屋さんの前に、キナサフランという薬用酒を造っていらっしゃる吉沢《よしざわ》仁《に》太郎《たろう》さんというお宅があるのですが、ここのお宅もすごい豪農なのです。立派な、新潟ではちょっと見ることができない蔵を残しております。
　中之口村、今は新潟市になりましたけれども、ここに山《やま》田《だ》金《きん》次郎《じろう》邸というのがあります。実はこの代を相当遡りますと、九代目の方は新潟新聞

吉沢仁太郎邸（長岡市）

の社長だったそうです。四百六十町歩ほど持っていらした。

あまり知られていないと思うのですが、吉田町の今井さんというお宅、ここは、私の実家の吉川町あたりまで土地を持っていました。今の吉田病院だとか、それからこの地域で銀行もなされているわけです。近江からこちらにおいでになって、財をなしていかれたと。

笹川邸（新潟市・旧味方村）

笹川邸、上空から見ますと、後ろの方にも町並みのように米倉があります。
和島の木村邸は、良寛さんが亡くなられたところです。ここも豪農だから、良寛さんを保護できた。私は思うに、新潟というのは良寛さんだとかごぜさんと、そういう人たちを育てていけただけの財力を持っていたと思っていいのではないかと。
新潟市赤塚の中原さん、このお宅は内野新川ができた後で可能となった広通郷の干拓開発を成功させて、藤倉新田という、上から見ると丸く見える土地があるのだそうですけれども、それを開田させてこういうふうな財をなしたと。明治天皇が北陸ご巡幸の際には、ここで昼食をとられたと。なかなか立派なお宅です。

新潟市黒鳥にある鷲尾邸、ごく最近までここのご当主は、土地改良区をやられていまして、これも中之口の築堤に尽力された方です。

そして、ご存じ北方文化博物館、これは言うに及ばずなのであまり語りません。

最後に市島邸が出てきます。市島邸は何年か前の地震で壊れてしまった部分があったのですけれども、ここのお宅は北方文化博物館より余計で、最大二千町歩で、さっき話にちょっと出た酒田の本間様と肩を並べたといわれるぐらいの財をなしたお宅です。

阿達　素晴らしい信濃川の風景、あるいは逆に言うと、むごたらしい新潟地震の信濃川を含めた惨状、きれいな風景と醜い風景と言いますか、それを含めて私たちはいいものも悪いものも、ある面では未来に残す役割があるのかなと思っています。世の中には、人間を含めて時代の移り変わりの中で変わらないでほしいと、あるいは変わってほしいというところがあると思います。私ども報道に携わる者も含めて後世に伝えなければならない貴重なものは、これからもどんどん伝えていきたいと思っています。

「信濃川」「はさ木」、それから豪農の館など、県内には新潟ならではのものがいっぱいあります。ひょっとしたら、世界遺産に匹敵するほどのものかもしれません。しかし、壊されようとするもの、このままではなくなるのではなかろうか、というものも多く見られます。今日のテーマだった信濃川は、今後ますます滔々として流れ、悠久であってほしいと、信濃川からさまざまな恵みをもたらされている自然も生業も、そして、住民も未来永劫《えいごう》であってほしいと私は思います。

先生に何なりと、私が言うのもおかしいですけれども、質問などがあれば受けさせていただきます。

会　場　越後平野は信濃川のおかげで美田となったわけですけれども、その美田の基となりました大河津分水周辺の写真が一枚も出てこないのに、どうしたのかなという考えを持ったのですが、何かこれには理由がおありなのでしょうか。

弓納持　実は、信濃川の本には大河津分水も美しさで表現しておりますし、先ほどの木村邸の前に、実はあそこにもう一軒、大河津分水を開削した残土であのあたりを基盤整備されたというお宅も豪農としてあるのです。人工的に造った大河津分水も素晴らしい情景が展開しております。

会　場　洗堰《あらいぜき》とか可動堰の周辺の俯瞰《ふかん》の写真がと、余計なことを思ったものですから。それは間違いないです。

弓納持　洗堰のところに立って上流を見たときに、信濃川の雄大さをあそこで一番感じることができるのではないかと思える場所です。

会場　本当に素晴らしい写真を見せていただきました。先生がカメラマンになられたという風景論、それは風景論であって人間論であり、先生の人生観といいますか、生き方といいますか、そういうものが反映しているように思うのです。できれば私も、絶版になったそうですけれども、「良寛歌影」をぜひ拝見したいと思っているのです。私も小学校の教員をずっとしていまして、寺泊とかいろいろなところを、三島郡からずっと歩いて写真を撮ったのですが、非常になつかしい思いがいたしましたし、弥彦山とか国上山とか角田山とかずっと登ってみましたし、非常に懐かしく、若いころを思い出させていただきました。先生がカメラマンを目指されたという動機とはいかなるものなのか、ちょっとお聞かせください。

弓納持　私が小学生ないし中学生のころ、昔、少年雑誌に付録として組み立てのカメラが付いてきました。私の家は本屋だったのです。付録というのは三つか四つぐらい余分にくることが多いのです。それをもらって、カメラを組み立てて写真を撮って、現像液もみんな付いてくるものですから、押し入れに潜り込んで印画紙に焼いたりしたときに、これはいい、おもしろいものがあるなと。中学、高校時代に絶対にカメラマンになるのだと、しかも映画のカメラマンか新聞社のカメラマン。昔、ニュース映画を見ますと、車が来て、それをみんなカメラで追ったり、ピカッと光る、それがタイトルバックでした。あのカメラマンになるのだと思っていましたので、それをずっと貫いてきて、幸い、最初になったのが新潟放送、以前はＲＮＫと言いましたけれども、そこがテレビを開局するときに、ニュースのカメラマンとして16ミリの撮影機を持って、ニュースを追いかけさせてもらいました。こんな格好いい仕事をしていいのかしらと、まだ学校出たての若造ですが、そういう仕事をさせてもらいました。でも、そのニュースというのは、今でこそVTRに残せますけれども、残らないので、何か残る仕事ということでコマーシャル写真に移っていったわけです。

阿達　先生は、鳥の目があるのです。というのは、パイロットの免許があるのです。だから、その辺が違うのかなと思っているのですけれども、今、カメラマンになりたかったとおっしゃっていましたが、少年のころは空を飛びたかったそうです。

弓納持　できれば、飛行機の操縦を習ったときに、ラインパイロットになりたかった。その前に高校生の時もカメラマンかパイロットか、実は高校を卒業する時に、航空自衛隊の願書を取りました。残念ながら身長が足りませんでした。それであきらめて、写真の方をというわけではないですけれども、私は徹底していつでもああなりたい、こうなりたい、ああいう写真を撮りたい、こういう写真を撮りたい、ああいう人に会ってみたい、こういう人にという夢を持っています。今まで自分はそんなに大きい夢ではないですけれども、九十パーセント以上自分の夢は実現させています。先ほどの地震の映像、ニュースをやったカメラマンなら、誰でも一回は世界的なスクープに出会いたいと思うはずで、まさにそれが目の前で起きた。私の周りで見ていた空港から飛び出してきた人たちは、あのとき、カメラを持って反対に走ったのは、あんただけだというぐらい、そういう夢を追いかけるというのが一番大事かなと、そういう夢の中で信濃川もあったかもしれません。

会場　社会派といわれるカメラマンがおりますよね、戦場とかへ行って危険を冒して写真を撮ってくるのがいるけれども、そういうものは手掛けられたことがあるのかどうか、ちょっとお聞きします。

弓納持　新潟地震の後に私を外国に連れていってくれたスポンサーがいたのです。それから一、二年たった後にベトナム戦争が激しくなってきた。「弓納持、米軍が記録するカメラマンを募集しているが、おまえ行くか」と言われた。でも、私はその時既に結婚していたし、先ほどの話ではないけれども、長女も生まれていましたので、一歩踏み出せずにコマーシャル写真をやっていました。でも、コマーシャルをやって、なぜ風景にいったかというと、コマーシャルというのは人に頼まれて、人のお金と見る人と、金を払う人のことを意識しながら写真を撮ります。でも、風景は自分のレクリエーションと思っています。すごい風景の中に自分一人でいる楽しさ、それを記録できる楽しさ、こういうふうに見せることのできる幸せ、そういうもので風景写真を楽しんでいます。ですから、私が山古志の写真がなかったのも、人が大勢行くところに私は絶対いません。いい風景の一人だけで楽しむところに私はたたずんでいます。

会場　新発田から来ました。写真とはちょっと離れるのですけれども、私は、「塩津潟は塩の道」という本を新潟日報事業社から出しているのですが、信濃川を物流という面で見ているのです。塩の道というと、糸魚川といわれるのですけれども、これは県知事さんにも新潟市長さんにも、長岡の市長さんにも言ってあるのですが、ぜひ、塩の道と言ったときに、信濃川も入れてほしいのです。ぜひ、内水面交通、物流についての信濃川にもっと触れてほしいのです。

もう一つ、千曲川が新潟県に入ると妻有川になっているのです。十日町の合併の時に、十日町市ではなくて妻有市にしたかったという希望が非常に多いというのです。それほど十日町地区では妻有という、妻有川には思い入れを持っているわけですが、妻有川になってずっと新潟市までくるまでと思いきや、いつの間にか信濃川になっているのです。いつ、どういう理由で信濃川になったのかというのが分からないのです。

阿達　いわれについては、ここで発言するわけにはいかないですけれども、ただ、ある人が言っていましたけれども、日本一の大河という形で言うならば、信濃の国から流れて越後の新潟に流れ着くほどの長い川なのだという意味では、長野県も新潟県も長いですよね。それだけの川だという意味では、それこそ妻有川、越後川もいいですけれども、敵に塩を送るわけではないですが、塩のない長野からわざわざ新潟まで流れてきてくれてごくろうさんという意味で、信濃川の名前を借りてもいいのではないかと思っています。

会場　長野県では、信濃県にしたいという動きがあるのです。県民も六五パーセントぐらいの賛成があるのです。

阿達　信州とかですね。

会場　そうなったときに、信濃県になると新潟県は困るなという気があったので、先の先まで見通した対応をしてもらいたいと思っているのですが、よろしくお願いします。

川の恵み、水の恵み

～信濃川が生み出す越後のおいしいお米、お酒～

昭和4年新発田市生まれ。新潟県農林部醸造試験室に入所、日本酒の研究に従事。新潟県醸造試験場長を経て、昭和59年朝日酒造に工場長として入社。現在、財団法人こしじ水と緑の会理事。

嶋　悌司

shima ● teiji

嶋悌司×豊口協

新潟の酒はなぜうまいのか

豊口　嶋さんをおいて酒を語れる人はおられないわけです。今日は我々が日常伺っている話以外の隠された話を聞かせていただきたいと思っております。

長岡に来ましてちょうど十二年になりました。十二年前の十二月に長岡にやってまいりました。実は私は長岡へ来るまでは、ウイスキーとビールしか飲んでいなかったのです。長岡へまいりまして、おいしい日本海の魚が食事に出てまいりました。ウイスキーというのはこれは合いません。なぜ東京でウイスキーで刺し身が食べられたかというと、古い魚なのですね。だからにおいで消して食べているような感じがしたのですけれども、長岡へ来て刺し身を食べたときにはウイスキーは絶対にだめだということがよく分かりました。今ではウイスキーは飲めなくなりました。ビールも飲めなくなりました。ひたすら日本酒を飲んでいるというか呷《あお》っているという感じになりまして、少々医者から注意されましたが、量がだんだん増えていく、歳を取るたびに量が少しずつ増えてきているという変な現象が起きてきました。たまたま家内と十二年間離れて生活しているものですから、怖い眼差しもありませんので、そういうことになったのではないかと思います。

これから信濃川とお米とお酒のお話に入っていくわけですが、お酒というのは醸造酒ですね、醸造酒で世界にどのようなものがあるかと思って考えたら、お米で造っているお酒で、隣の中国の老酒というのですか、紹興酒があるわけです。ヨーロッパはなぜかブドウで作った葡《ぶ》萄《どう》酒というものがありますね。ビールも醸造酒かもしれませんけれども、世界をずっと見ますと、日本酒と紹興酒と葡萄酒というものが醸造酒の代表的なものだと思うのですけれども、ほかに何かあるのですか。

豊口　ビールと。

嶋　四種類。

豊嶋　あと、特別なものがやはりあるのではないでしょうか。モンゴルの馬乳酒というものは馬の乳で造る。飲んだことはありませんけれども、特別なもので、そういうものは糖質原料があれば酵母が発酵してくれますから、何かいろいろそういうものはあると思いますが、通常はそのようなところでしょうね。

豊口　イタリアのカラーラという所に行ったときに、葡萄酒の原酒というものがあったのです。これを石工が山へ入る前に呷っているわけです。それで、おまえ飲んでみろと言うので飲んだのですけれども、トマトケチャップみたいなのですね、どろどろで。一発でお腹《なか》を壊しました。飲んでしばらくしたら〝ごろごろ〟といいだしてどうにもならなくなったのです。それからメキシコにはテキーラというものがありますね。あのテキーラの原酒の乳白色をした原液のようなものがあるのですけれども、これもやはりだめでした。結局強い酒というのは、お腹に非常に悪いのだろうと思うのですけれども、日本酒ぐらい技術的に高度な造り方をしている酒というのは少し珍しいのではないでしょうか。

嶋　そういわれています。つまり、醸造酒で十八度、十九度というところまでアルコールを出す酒というのはないのですね。中国の紹興酒というのは十六度ぐらいしか出てこないのです。一番濃いものを造るという、それは一度にここまで仕込むというのではなくて、三日がかり、四日がかりで少しずつ仕込んでいってやるというやり方は日本酒だけだと思います。

豊口　紹興酒というのはやはりお米なのですけれども、色が茶色いですよね。

嶋　古くなればそうなるし、日本酒の場合は糠《ぬか》を全部取りますから、外側の糠にあたる部分を除き、米の芯しか使わないというやり方を取ります。特に新潟県は日本中の酒の平均的な度合いを十パーセント近く上回って米を白くしているのです。そういう米を白くする、糠を捨ててしまうという、捨てるといっては悪いのですけれども、糠を取ってやるというのは、米を使う中国でも韓国でもそういう考え方がないようです、全然。だから当然色が付いた形になって、古くなればますます色が付くと。

豊口　新潟の酒がうまいと皆さんおっしゃいますね。東京などで新潟のお酒を出してくれるお店がありますけれども、プレミアが付いているのですね。値段が高いのです。東京で造っている東京のお酒というのはあるのですけれども、あまり言ってはいけないですけれどもおいしくない。ところが新潟に来て、新潟の酒を飲まないと本当の味が分からないような気もします。空気で酒を飲むと言いますでしょう。

嶋　それもどうなのでしょう。新潟の酒がなぜうまいのかと先ほども聞かれたのですけれども、うまいというのは飲んだ人がうまいと思うわけですよね。そうすると、新潟の酒がうまいと東京の人も言い、新潟の人も言うということは、うまいと感じるように造ってあるということなのですね。今の人間がどういうものをうまいと言うかというあたりを早い時期に予測してというか見破ってというか、多分こういうものが褒められるようになるだろうという予測をして、そういう酒を造ってきたという点では、新潟県の勝ちだったと思っています。

豊口　実は、新潟の酒を東京で飲んでみると、こちらでいただくよりはおいしく感じないのです。それから新潟のお米、家内が送れ、送れと言うものですから送っているのですけれども、家へ帰って食べるとあまりおいしくないのです。同じお米です。これはおそらく水のせいだと思うのです。私の家は鎌倉にあるのですけれども、横浜を中心にしたあの辺の水は非常においしい。外国から来た船が横浜港で日本の水を買って出ていくということがよくいわれていましたけれども、それでもかなり水質は落ちているのだろうと思います。ある人からご飯は心で炊くものだと言われました。〝はっ〟としたことがあったのですけれども、そういう食べ物や飲み物というのは基本的には水だろうと思うのです。

夕方ですけれども、信濃川の土手に立って、西へ沈んでいく太陽を見ていたのです。太陽の色が本当にきれいなのですね。東京の夕焼けというのは溶鉱炉の中の火の玉のようにどす黒いのです。空気が汚れているのだと思います。そういう太陽ばかり見ていたものですから、長岡へ来て信濃川の土手に立って夕日を見たときに、あ、夕日ってこんなに美しかったのだと、あらためて見直しました。あたりを見ると、夕日が沈んでいくにしたがって全体の色がだんだん紫色に変わっていく、空も変わっていく。やがてそれが紫紺の色に変わって全部沈んでしまうと、星が見えてくる。東京というのは星が見えない所なのです。しかも直線の中に空が見えるわけです、ビルばかりですから。ところが長岡へ来ると全部山並みで、東山、西山の丘陵地帯の上に空が見える。非常になだらかな感じがする。そして目の前に日本一大きな川、信濃川が流れている。あらためて水道の水を飲んでみると実にうまい。長岡市の人はまずくなったと言っていますけれども、実はおいしいのです。そうすると、やはり川というか新潟県の水と、特に信濃川は代表的なのですけれども、その水とお米とが一緒になって技術がそれに付加されて、日本人の研ぎ澄まされたセンスが生かされてお酒がおいしいのだろうと、お米もおいしいのだろうという気がするのですけれども、いかがでしょうか。

嶋　酒についていえば、水が変わったら酒は変わりますね。ご飯はそのようにして炊いて食べたことがないのでよく分からないのですけれども。このごろ天気予報のときに、あれは衛星で撮るのでしょうけれども、筋状の雲が発達していますなどといって説明があります。シベリアから来る雲、中国東北から来る雲、それを、新潟県というのは本当に細長い形をしていますから、日本列島の背骨にあたる山脈にあたって雪を降らせているのです、日本海側へ。それが解けて流れてくるのが、信濃川が代表選手ですけれども、大小、村上の方までそういう水ですよね。

豊口　ところが今は中国大陸で非常に工業化が進んでいます。十一月でも十何か所で工場の爆発が起きているわけです、人が亡くなっている。その工場の煙が空へ上って空気に混ざって日本の方にやってくる。それで酸性雨が非常に大きな問題になっていて、木が枯れ始めている。その水は同じ水ですから、それが山にあたって雪が積もり川に流れてくるわけです。これは非常に恐いなという気がします。

嶋　心配ですね。そういう点では、本当にこれから地球規模の汚染なり何なりから、一生懸命守っていかないと、米も、米を原料にする酒もだめになっていくでしょうね。非常に大事な問題だと思います。

豊口　中国へ行かれた方はたくさんおられると思うのですけれども、実態を見てくると、特に日本海側の自然というものが心配になってきます。酸性雨で樹木は弱るから枯れてしまう。そして川も汚染されるということがどんどん起きてきたときに、このおいしい新潟県のお酒がどうなるかというのは、心配で心配でしょうがないわけです。

お酒というのは不思議なもので、人生を明るく楽しくしてくれるものなのですね。飲めば飲むほど楽しくなるし、あまり飲み過ぎてはいけませんけれども、飲むほどにおいしく感じる。日本海の魚がまたおいしいわけです。ちょうど今寒ブリがとれていますけれども、この寒ブリと日本酒というのは、東京にいたのでは食べられない。東京の魚というのは全部一度築地へ入って冷凍にして出てきますから、とれたばかりの新鮮な魚というのは東京の人は食べたことがないだろうと思います。長岡へ来て初めて、小料理屋さんで、佐渡から生きた魚を仕入れて、目の前でまだぴくぴく動いているのを見たわけです。そういうものをお寿司屋さんでも用意してくれる。それと日本酒がぴたっと合っておいしさがあるわけです。そういうものがだんだんおかしくなっていくということを考えると、心配でしょうがないわけです。日本酒を基本的に研究されて今まで育ててこられた嶋さんから考えると、やはりこの信濃川をどう大切にしなければいけないか、山に降りた雪をどうしなければいけないかということを。

嶋　全く、そういうご心配はよく分かります。例えば佐渡島へ行くと、大陸側といえばいいでしょうか、ほとんど流れ着いているごみはハングル文字のごみですね。あれがどんどん流れてくる。日本のごみもどこかに流れていっているのでしょうけれども、それはひどい。中国へ行ってみると、もともとが埃《ほこり》っぽい国なわけですから、昔は軍隊で赤い夕日の満州などと。まさに赤い夕日の満州で、本当に赤いのですね、あれは埃のせいです。鳥がいなかったりする。そういうことも見てきました。そういうものがこちらに降るのだから、これから一層自然を守るということに気を付けていかなければならないと思っています。自然を守るということが人間の体も悪くならないで済ませる方法であるわけです。

豊口　この間もＷＨＯから報告が出ていました。中国の河川の八十パーセントには魚がすめなくなってきているという報告が出ていました。十四億人という人間が住んでいる。そういう生活が河川に対して影響を与えているという気はしないでもないです。それから少数民族、山の方に住んでいる人たちがいるわけですけれども、みんな木を切ってしまって木がなくなってきている。黄河などは水がなくなって、今は長江から北へ水を引っ張っていく運河を造り始めています。そういう大変な治水工事が始まっているというのが中国なのです。

人類というのはおかしなことに、暖を取るために木を切ります。昔、スペインという国はうっそうたる森に囲まれていた素晴らしい国だったといわれていますが、軍艦を造ってイギリスと戦争をして負けて、結局木が一本もなくなってしまって赤茶けた国になって、オリーブの木だけが今植わっているという。地中海の古い町、トルコの南の方をずっと旅してみますと、木がやはりない。ところがいろいろ文献を見てみると、昔は木がうっそうと茂っていた。そこへ人間がやってきて、街をつくって木を切って暖を取って、そのうちに鉄砲水のようなものが起こって街全体が潰《つぶ》れてしまった。それでまた別の所に移って行って街をつくって木を切った。それで、結局地中海には魚がすめなくなってしまった。そのようにして環境をどんどん汚染していっている。

　そういう状態の中で、水と人間と、特にお酒ですけれども、ワインだけはヨーロッパでは残っているわけです。ワインというのはお酒とはどのように違うのでしょうか。

嶋

　ブドウの中に糖分があるわけですし、向こうの人たちはどこへ行っても水を飲めない国なのですね、国というかヨーロッパなどは。世界中そうかもしれませんし、それほど世界を知っているわけではないので。だから、旅をするときに水を飲めないので、水の代わりにワインを持っていく。水の代わりに飲んでいたわけです。それがワインなのです。

　それともう一つ、日本では蒸留酒、つまり焼酎というものができるようになったのは、ポルトガルから鉄砲、それからキリスト教が来ました。あの人たちの船が向こうから来るようになる。航海は水がいるのですが、海の水は飲めないので海の水を蒸留して飲む、そのための蒸留機を持っていたわけです。アランビックというのですね、それを乱引きという、乱れる引くと書いた字で、「蒸留機」があるのです。古い酒屋に乱引きと書いてある。それは、ポルトガル人たちが船で旅をするときに持っていく。ちょうどシルクロードというものもこのところ盛んにNHKで見ていますけれども、マルコ・ポーロが東方見聞録を書いたころは中国にはまだ蒸留酒はなかったそうです。

坂口謹一郎先生の本を読みますと、中国もそうです、コリアもそうです、日本を含めてアジアは主として不老長寿の薬を作ろうということで、漢方薬だとかそういうものが発達しました。ところが、ヨーロッパの人たちは、金を作ろうとした。つまり錬金術です。だから、分析的で酒は蒸留すれば、アルコールつまり焼酎がとれる。あるいは焼けたら何になるというように。火と土と水と、曜日でいう月、火、水、木、金ですか。すべてはこれでできていると。元素だと思っていたわけですから、何かをやっていけば必ず金もとれるだろうということで化学が発展したのだと。中国はそうではなくて不老長寿だという違いで、向こうでは蒸留酒がどんどん発達したというように坂口先生は書いておられます。

面白いもので、アジアでは、中国もそうですし、コリアもそうですし、日本、みんなカビを使って酒を造っているのです。ところが、ビールはなるほど麦、でんぷん質ですけれども、西洋はカビで造ろうとはしていないのです。向こうは乾いているからだと思います。麦の麦芽を使った。麦芽というのは、これが米粒だとしますと、米は芽を出すときにこのでんぷんを大急ぎで栄養に変えるために、これを糖分に変えながらそれを食べてというか、育つわけです。それで芽を出して、それから合成を始めますからいいのですけれども、稲の場合はやはり芽を出すときにはどんどん分解するわけです、糖分にして使っているのだけれども、これが面白いものので、米の場合は簡単には麦芽のようにはアミラーゼ（注一）が増えないのです。麦というのは乾いている所に蒔《ま》いて、雨がばっと降ると一斉にさっと芽が出てくるのです。

麦芽ではできるけれども、米芽で酒ができるかというと、実験をしたことがあるのですが、米の芽が出たものもやはり甘くなるのです。ところが非常に時間がかかる。麦だとあっという間に出てきますけれども、米だとあの一粒が二週間ぐらいかかって甘くなるのです。水稲ですから、水の中にいて芽を出して長時間かかって出てこなければならないわけです。麦のようなものは乾期から雨期に入って雨が降ったらさっと出てきて大きくなる。その違いだと思いますが、麦芽を使った酒造りがビールになっているわけです。それを蒸留するとウイスキーになるわけです。苦いホップを入れたのはその途中だと思います。

豊口　基本的に新潟のお酒のもとになる水というのは軟水なのだろうと思うのです。この軟水に恵まれている新潟県のお酒はおいしくなっているのだと思いますけれども、軟水がとれるような国というのはそうたくさんはないですね。ヨーロッパはほとんど硬水だといわれています。ですから蒸留酒が中心になっているのだと思いますけれども、それぞれの土地土地に蒸留酒が発達して、彼らはその強い酒を呷っている。特に北欧に行くとアクアビットという水を入れると白濁するものがありますね。それからフランスでも蒸留酒でブランデー、カルバドスというものがありますね。このカルバドスは非常においしい。ドイツに行きますとシュタインヘーガという、これも焼酎ですけれども。オランダではジェニーバーという酒があります。これも強いですね。やはりそれぞれの特徴のある焼酎、ブランデーができています。それぞれの国が、水が飲めないということでビールを造りワインを造っている。そして少し酒は強い方がいいということで蒸留酒の強い酒を呷っている。そういう何段構えかの酒の層がありますでしょう。パリで一番安いワインを買ってくると、これがまたひどいのですね。日本の大型のお酢の瓶のようなものに入っていまして、これが三ドルか四ドルで買えるのですけれども、ワインというか水というか不思議な飲み物です。それが要するに水代わりに労働者が飲んでいる。そのようにそれぞれ分かれている。日本の場合ですと、日本酒というものがそのように分かれているわけではなくて、昔は特級とか一級とかありましたけれども、今はなくなったわけです。そういう階級でお酒を分けてどうこうということはしないで、何となくおいしい酒が全体にできているという。この辺の酒造りのマインドというのは日本的な感じがするのですけれども、どうなの

嶋 でしょうか。

嶋 今等級の話が出ましたので、少し触れておきます。昔は一級、特級、二級などといいました、確かに。それで、等級というのは、審査をしてこれはいいから特級だよ、一級だよということを決めたのですけれども、これは酒を舐《な》めて決めていたのです。高いものは税金が高かったのです。特級というのは、こういううまいものは税金をいっぱい納めて飲めと。そういう税金を取るために決めてあったのですね。だからそれはやめるべきだと。本当に飲んだ消費者がうまいというのは、国が特級だの一級だの、決めているのはおかしいじゃないかという、大衆が決めるのだからそんなものは決めなくていいよということになって、あの級別というのは廃止になったのです。それでみんなが分からなくて、それでも何とかどうだこうだといわれるものですから、今も酒には特選だとか何とかと書いてあります。だけれども、税金は日本酒の場合はみんな同じになりました。これはこれでいいのです、お客さんが決めればいい。メーカーや国がこれがいいのだよ、などとやらなくてもいい。

酒とは何か、酒の役割とは何か

嶋 マインドだという問題が出てきましたけれども、ワインについていえば、赤いワインはキリスト教ではイエス様の血だというとらえ方をしていて、この中にキリスト教の信者の方がいらっしゃるかどうか分かりませんが、洗礼のときは赤いワインを飲むのですね。それとパンのかけらをもらうということがあります。

日本の場合はどうなるかというと、日本の場合は、これは少し話しておきます。酒というのは一体何だということを考えろとマーケティングの先生にいわれたことがあるのです。これは三十年近く前の話で、心理学の先生でありましたけれども、酒とは何か、それを考えろと私たちに問われました。おまえらはそれが分からないのかと。何で飯を食ってきたのだという言い方でやっつけられまして、それから調べました。民俗学からいきますと、「け」というのはご飯のことなのです。朝餉《あさげ》、夕餉《ゆうげ》、昼餉《ひるげ》。宴会の宴という字、あるいはご飯。今の子どもたちはどこへ行っても標準語ですが、私らのころは父ちゃんとか母ちゃんというのはまだいい方で、〝とと〟だの〝かか〟だのと言っていたものです。それで、「〝とと〟はいつ帰ってくる?」「晩げに帰ってくる」などと言いました。今の子どもたちはそんなことは言わないと思うのですけれども、晩げに帰ってくるというのは夕方帰ってくるということではなくて、晩ご飯に帰ってくるということで、「け」とはそうなのです。

そうすると、酒というとどうなるかというと、「さ」は神々しい言葉に付ける接頭語だというのです。これは民俗学の柳田國男さん、その柳田民俗学というものですが、その全集に載っています。そうすると、「さけ」というのは神々しい神様のご飯。だから神様に酒はあげるのです。ところが、そこまで分かったらどうもおかしいと思った。「お神酒あがらぬ神はない」などという〝でかんしょ節〟がありました。だから酒とお神酒は違うものじゃないかと思いました。今度はお神酒を調べにかかりました。これが少し分かりにくかったのですね。それを調べていったら、民俗学の本に柳田先生が、昭和十九年でありますが、どうもその十月というのだから、硫黄島が占領されたころだと思うのです。そのころにどこかに書いたものが全集に載っています。それでいくと、日本人が古来「き」と言ってきたものは、体内より発するしょう液であるとなっているのです。それは何だと。一つは唾液、「つばき」なのですね。舌から出る気、舌気。「したき」というのは茨城県からずっと上がって福島も通って、それから山形あたりまで舌気なのですね。「しったき」とか。米沢から嫁に来たという人が十日町にいまして、そのおばあちゃんが米沢では「しったき」と言いましたというのです。舌から出る気なのです。それから唾というのは何かというと、唇を刀の鍔《つば》に見立てて鍔から出る「き」なのです。「くたき」と言う地方もあります。それは口から出る「き」だから「くたき」ということで、柳田先生がそういう説明をしています。もう一つ、体内より発する「き」があると。それは精液だと。この二つは不思議な力を持っている。「つばき」の不思議さは、これがまた面白いのですね。「つばき」がないと物をのみ込めないのです。つまり、人間が物を体に取り込むときに「つばき」がないとのみ込めない。水があれば何とかなります。そのために絶対に必要なものです。不思議な力、それは唾液である。それから精液の方はどうかというと、これは子孫を残すために絶対に不思議な力としてあると。この二つだというのです、不思議な力。そうすると、片方は食の方、片方は性の方です。ならば生きとし生けるものすべてが持っている不思議な力、それが「き」だというのが柳田先生の言い方になります。

そうすると、お神酒はどうなのか。今度は私が勤めていた醸造試験場という所が護国神社の裏にありましたので、護国神社に出かけていって神主さんに聞きました。そのころは樋口さんという方がおられたのです。それで、樋口さん、神様に酒を上げるのですか、お神酒を上げるのですかと聞いたのです。そうしたら、酒を上げるのさと言うのです。ではいつからお神酒になるのですかと言ったら、神様のところに上げたときは酒なのです。これは神々しい神様のご飯ですから、上げる。そうして、それを神前から下げると「これはお神酒なのだ」ということになると分かりました。そうすると、食と性、生きとし生けるものが持っている不思議な力、それは神からいただくのだということになります。つまり、神様に生かされているというとらえ方をしてきた。そこまで分かって、私はびっくりしました。

酒はいいものでも悪いものでもみんなお神酒なのです、いただくときはみんな杯を右手で持ち、左手で糸底を添えていただくのです。神をゴッドという、日本は複数なのでゴッズになりますか、ここでいう神様はいわゆるそういう神様だけではなく、私たちが子どものころは畏《かしこ》くもとやられるとこうやって気を付けをしました。天皇陛下は神様だったわけです。それから上司、偉い方、例えば私は豊口先生はかなり怖い神様なのです、上様だ。領収書の上という字は、考えれば目上の方、年上の方。会社のようなところであれば上司。これはみんな神なのです。だから、神様に、おい飲めやなどというのは許されないわけです。神様からいただくときはどう言うのかというと、お流れいただきますなのですね。その杯をお借りして、つまり偉大な神がお飲みになった杯で私も飲んであやかりたい、偉くなりたい、立派になりたい。それが杯をやったり取ったりの礼儀になっているのですね。これが非常にはっきりしていると思います。

ですが、三三九度が分からないのです。これもいずれ長生きして調べたいと思うのですけれども、日本人は「九」だとか「四」だとかというものは嫌うでしょう。ところが三三九度というのは一体何なのだろうと。あれは分かりません。誰か分かる方がいたら教えてほしいのですが、苦しいの「九」につながるので嫌がるのだけれども、三三九度ですね。あれは二人で心のやり取りをしているのですね。そうすると、神様からいただくものであり、そして心、魂、そのやり取りが杯をやったり取ったりになる、杯を交わすというのは心を通わすということになるのです。だから、そこのところが酒の不思議さです。学校で習わないのです、こういうものは習わないのだけれども、酒のやり取りをやって心を開いている。

つまり、心というのがみんな閉じているのです。普段は閉じている。ところが、どうも話してみたら気が合うと。気というのは心から発するもの、心から出ている。だから、相撲のときに、今日の横綱は気が入っていますねなどと言う。そうすると、頑張るぞという気持ちが表面に出ていますよということなのです。例えば旅行に行って何人か部屋を分けられて、景色がいいねと言っているのにあっちを向いて知らん顔している、あの野郎とは気が合わないやと、こうなる。気というものを出して合わせてみたわけではないのです。ポケットから出して合わせたわけではない。何となく電波みたいな変なものを気が違うとか気が変だとか気が合わないというのです。気が合わないとどうなるか。心を開かないのです。そうしますと、お酒というのはどういう役割を果たすかというと、友達と、あるいはその周りの人と心を通わす、そのときの潤滑油なのです。そういうとらえ方をすればいい。

その点では、どうでしょうか、このごろ酒が変わってきたということもあるのですけれども、まだそういうコマーシャルがあるのです。酒のコマーシャルで、こうやって酒を飲んで、うん、うまいなどと言う。どこのコマーシャルだかお分かりでしょう、あるのです。こんな飲み方をみんなしているでしょうか。だから、飲み屋に行って座って見ていて、誰がいちいち口に含んで、うん、うまいなどと、こんな飲み方は誰もしない。話をしながらにこにこしながら、いつの間にか酒を空けて、ああ、いつの間にか飲んだねと。そのような飲み方を今はしているのです。酒というのは心の潤滑油なのだよと、交流するときには本当に滑らかにいくようにやっているのだよというようにやると、どうなればいいかというと、料理の味が分からなくなるほどくどい酒では困る。あっさりしていていい。そして軟らかくて、ソフトで、あるいはマイルドとか、そういうものでいい。軽くていいよというのが新潟県の酒の特徴として仕上げてきたわけです。多分、世の中はそう動くと。食べ物はどんどん脂っこくなっていくからあっさりしたものがいいよとなる。それで、この間も先生と打ち合わせをしたら、フランスの料理はあんなものはと言っておられたのだけれども、新潟の酒というのはそのように狙って造ってきた酒だと申し上げておきたいと思います。それを先頭を切ってやったのが越乃寒梅という酒だったのです。そのようにやったらいいだろうというのでそのようにやると、間違いなく実現すると、そういうものが次々に名を上げていった。

私が朝日酒造に来てそれを開発したというようなことを言われますけれども、そうではなくて、そのようなものにしたいという社長の意向であったので、寒梅がどのようにできているかというのは大体分かるものですから、それと同じことはしたくないというので、それとは違うやり方でやろうと。少し違うようにできています。このごろはお客様も寒梅との違いをはっきり分かるようになってこられましたけれども、違うのですね。そういうものを微妙に違うように造りながら、全体としては新潟県の酒というのはばらばらではなくて、みんな違うのだけれども、先ほどのソフトとか軽いといった範囲にみんな寄っているというのが、これが県外の人から見ると新潟の酒はみんな同じようにいいといわれている理由だろうと思います。

新潟の酒造りの歴史

豊口　今お話を伺って、要するにお酒の社会的な役割というかマナーというかシステムというのは、日本独特のものがあるということがよく分かりました。やはりそういうものが一つの社会をうまくコントロールしてきたのだろうと分かるのですけれども、その社会をコントロールするようなマナーを生み出したお酒というのは、これはいつごろから、どのような方法で造られてきたものなのでしょうか。

嶋　新潟県では神話の話からになります。若い方はお分かりにならないと思いますけれども、大《おお》国主命《くにぬしのみこと》が八岐大蛇《やまたのおろち》を退治したときに酔わせて潰《つぶ》しているのですね。同じ大国主命なのですけれども、大国主命が糸魚川へ夜ばいに来たという話、ご存じでしょうか。沼河《ぬなかわ》比売《ひめ》という糸魚川の翡翠《ひすい》の国の女王といわれる奴奈川《ぬながわ》、昔奴奈川村という所がありましたけれども、沼河比売が糸魚川の市役所の前に銅像になって、子どもの手を引いて立っています。この翡翠の国の女王様を、歌手の北島三郎さんみたいなものでして、はるばる来たぜと言って荒波を越えて越後まで、いい女がいると聞いたから来たよということで、糸魚川へ訪ねてきているのです。そのときに、その沼河比売ははるか出雲からいい男が来たと。今日は夜が明けるから明日の晩に来てくださいと言うのです。それで、翌日の晩に大国主命はまた行くわけです。そうしたら、そのときに沼垂田、新潟市の沼垂と同じ字を書くのですが、その田んぼで作った米で造ったお酒を飲ませたと。それで子どもが生まれて、その子どもは出雲へ行ってまた戻ってきますけれども、その神は神話の世界では諏訪のお諏訪様なのです。

建御名方神《たけみなかたのかみ》という神様ですが、お諏訪様なので、西日本にはいないのです。出雲で天照のお使いが来て、国譲り神話という物語ですが、国をよこせという。大国主命は、仕方ないからということで渋々せがれたちに聞いてみますと答えた。そうしたら、長男は出雲で生まれたので、それは仕方がないから分かりましたと言うのですね。しかし、沼河比売が生んだ子どもの建御名方神というのは出雲に行っていまして、出雲で俺は嫌だと言って天照の使いと喧嘩をするのです。喧嘩をして負けて、馬に乗って逃げてきまして、信州諏訪湖のほとりまで来て降服した。以後、二度と天照に手向かいいたしませんと言ってそこに住みついた。ところが、沼河比売が酒を造ったくらいですから、諏訪の神様は、お酒を造って、おふくろが酒造り上手いのだからおふくろに見てもらいに行くわと言っては酒を造って、今の塩の道を通りながら糸魚川へ酒を持ってきて、おふくろが飲んだということになっています。だから、新潟県の酒は大国主命が来たときに沼河比売が飲ませた酒が新潟県の酒の始まりだという神話になり、長野県の酒造組合の本を見ますと、信州の酒の始まりは諏訪の神様がおふくろに今年の出来栄えを見せに行こうといって糸魚川まで来たというのが信州の酒の始まりだと書いてあるのです。酒の歴史を調べようと思うと、米のルートを調べなければならないので非常に関心があるのでありますが、米はどこから来たのかというところでいくと、やはり朝鮮半島を経由、朝鮮半島の西側の経由でしょうか。それから中国からの道。前に農業試験場におられた国武正彦先生は江南からのルートというものを非常にはっきり言われますが、あるいは南の方から来たという考え方もあるのです。何本かルートがあるのだけれども、そういう米が来た。

それで、どうでしょう、新潟の米もどうも九州あたりに一番最初に来たのではないでしょうか。今の福岡空港あたりですね。あの辺から出た遺跡というのが一番古い方の部類だろうと思います。あるいは、静岡あたりにも古い田んぼが出てきていますから、そういうところへ来た米と。向こうから来たに違いないのです。それがだんだん北へ来たに違いないのでありますが、そういう米を持ってきた人たちの文化というのは、照葉樹林文化といって、椿だとか榊《さかき》だとか樫《かし》だとかというようなぴかぴか光る葉っぱのルートです。表日本になるのです、九州の方からずっと、表日本。こちら側はそうではないのですね。落葉樹主体になります。ところが、向こうは表日本です。しかし文化が北の方のは日本海側で、昔はこちらが表日本なのですね。

つまり、今雪が降っている地方は今の成田空港のようなもので、文化がどんどん入ってきた所です。そして、それが船で順繰り上がってきたのだと思います。陸を通るよりは船で通った方がよかったと。船、水ですね。

この間非常に面白い体験をしたのですが、新潟市歴史博物館の甘粕健《あまかすけん》館長と一緒に青森の遺跡を見に行くという旅がありました。先生から見に行かないかと言われましたので、こういう大先生にくっついて行ったらこれはいいなと思いまして。船に乗って海岸をずっと上がって秋田まで行くのです。夜中に新潟を出て、窓を見ますと、常に陸の方の明かりが見える付近を通っていくのですね。それで秋田港へ、朝のまだ暗いうちに着くのでありますが、あの日本海をどうやって渡ったのだろうと、丸木舟で。遺跡から出てくるのは七、八トメ《ドル》の丸木舟ですね。それで鯨を捕れたのだろうかと思ったら、何てことはない、こうやるのだそうです。二つも三つも船を並べて、これを木で縛って、そうするとイカダのようになって転覆しないのだそうです。そして、丘が見えるあたりをずっと通っていれば遠くまで行けるわけです。だから青森県の三内丸山《さんないまるやま》遺跡に糸魚川の翡翠の勾玉《まがたま》がいっぱい出てきたのです。あれは糸魚川の人たちが向こうへ商売に行ったのか、物交に行ったのか、青森の人たちが糸魚川まで何かを持ってきて仕入れていったのか、どちらかですね。そしてずっと北へ上がっていきましたので、新潟県に出雲の大国主命が来てという話は、米のルートについてもいろいろな文化のルートとして非常に分かりやすい話だと思っています。

今度はずっと下ってということですね。このごろ新潟は食べ物がうまい、花がいいとかとよく言われますが、私は新潟県は本当に食べ物がうまいと思います。米もうまい、それはうまくなった。国武正彦先生に言わせれば、これは頑張ってうまくしたのだと、我々も頑張ったし新潟県の農業は技術が高いと。作り方が上手だからうまくなるのだということになるのですね。いろいろな食文化はみんな向こうから来ました。今はそれほど豊かな県ではないのだけれども、昔は豊かな国だったと思います。それで、長岡の料理屋さんは私はよく分かりませんけれども、都の文化は信濃川を溯って上がってきていたに違いないのです。例えば新潟市の場合、今の鍋茶屋のお女将《おかみ》さんは、京都からいらっしゃいました。昔は、京都の芸者さんが新潟に来ると一番の売れっ子になった。越後の場合は大きな地主様がいっぱいいましたので、京文化を伝えるような鍋茶屋のような店へはそういう人しか行けなかったわけです。庶民はそんな所へは行けないので、そういうものには触れられることができなかったと思います。ところが、戦後になってそういう所から板前さんのお弟子さんたちが暖簾《のれん》分けなどでどんどん店を出した。それで新潟市の場合は北前船で入ってきた文化がそういう地主様、豪農と言われるような家から市井へ広がった。つまり、新潟の食材と京文化がうまく融合していると思います。

今都会のサラリーマンが一番ろくでもないものを食べているのであって、農村の人たちもうまいものを食べていますね。第一、うまいものを昔は供出したのだけれども、今は一番うまいものは自分たちが食べているでしょう。そのように変わったのです。今の新潟の人たちは大変グルメだと思います。だから新潟では下手な酒を出したらすぐに評判が悪くなるのです。新潟人はそういう点ではうるさいです。

それと同時に、新潟県は、特にご当地もそうですね、杜氏《とうじ》さんたちが出稼ぎに行っていました。特に越路の場合はどうかというと、船便がだめになって、鉄道ができて船頭が要らなくなった。船頭は蔵元へ出稼ぎするようになったということになっています。そう遠い話ではないのです。ずっと昔は柏崎市上条とかあちらの方が少し古いのです。頸城の方が古いけれども、こちらの方は新しいのです。そういう点で船とのかかわりがあって、その杜氏さんたちが全国各地へ行っていろいろ酒造りをやってきた。私どもの酒造りというのは、学校で習ったものはほんの少しでしょう、理屈ばかりですから。私たちのころは酒造りなどという授業はありませんでした。そうすると、本当のことを教えてもらったのは杜氏さんたちからでした。現場で杜氏さんたちがやる、これはどういう意味でやるのか、どういう理屈でこうなるのだろうというように勉強していくわけです。だから全国各地に出稼ぎに行ってきた杜氏さんたちが故郷へ帰ってくる、情報を交換する。そうすると、そうでないところよりは、各地の技術というか、情報をためこむことができる。だから非常に勝ちやすい条件がそろっていたと思います。それで、水は軟水だと。この軟水がいいかどうかというのは、皆さんお分かりでしょうか。コーヒーが好きな方はお分かりだと思いますが、喫茶店へおいでになって、水道の水でコーヒーを出しているところはないですよね。少なくとも浄水器を通して軟化しているか、それから水道のにおいをとっているか、そういうものでやっています。それからお茶をやる方もお分かりだと思いますが、お茶は硬水ではだめなのですね。お茶の水というのは本当に軟水で、軟らかい水なのです。そうでなければお茶が〝ごつん〟とした味になるわけです。瀬波のような温泉へ行ったときに、ああいうものを持ってきて少し入れてお茶を点《た》てたらどんな味になるか比べてごらんになればお分かりだと思います。新潟県の場合は佐渡の一部を除いてどこも軟水です。そうなっていますので、穏やかな酒になると。

　酒は、そもそも新潟の歴史をいえば、神代から始まっています。

越路のこと、渋海川のこと

豊口　歴史も大体分かってまいりましたけれども、越路町（現長岡市）には渋海川という川が流れています。これはこの地域の文化というものをつくってきた川だろうと私は思うのですけれども、この辺のお酒との関係というものはいかがでしょうか。

嶋

これは私はよく分からないのですが、というのは、信濃川もとても暴れた川で、長岡、越路町もそうですけれども、中島だとか何とか島だとか、氾濫《はんらん》するたびにあちこちに島をつくってきたに違いないのです。そういう川なので、この渋海川もあちこち暴れていたわけであります。それで、渋海川も東頸城の方から来ているわけですから水は軟水に違いないのですけれども、朝日酒造の水は渋海川の影響がないのですね。上越国境から続いてくる大地の中から、だからこれは氷河期ですか、段丘なのでそういう時期だと思います。それで、横から出てくる水なのです。そういう点で、渋海の水ではないということは確かなのです。

ただ、面白いのは、越路の米はいいのです。特にＪＡが頑張ってくれているのでいい米が取れていますが、水温の問題や何かをいろいろ考えれば、より上流の小国の方もいい米ができているのだろうと思います。どちらにしても昔は船便ですから、この辺の米、あるいは上流の米を集めて、船は下るのは楽ですから、下流からは持ってきていないと思うのです、大変ですから。そしてそれを酒にして下へ下ったと思うのです。長岡市の例えば吉乃川さんのようなところも、摂田屋、川の脇ですよね。あのあたりです。あそこの水、それであの辺の米、それを使って酒を造ったのが信濃川を下ったと思うのです。そうなっていた。それから、越路町の郷土史をやっている方々はお分かりだと思うわけでありますが、来迎寺駅の向こう側の方ですか、白山というところがあるのです。白山というのは船の神様なのですね。白山神社というのは船の神様。そうすると、その辺に船が来ていたに違いないのです、船が着いていたのだと。だから白山神社がそこにあるのだと思います。それから、私が新潟で働いていたときに、雑用を行う用務員さんみたいな仕事があったのです。その人は昔船頭だったと。船頭で、新潟市の白山様のあたりに着いたのだというのです。新潟のあの辺まで信濃川ですから、間違いなくそこへ着いている。それから上はどこまで行ったかというと、なんと飯塚まで来ているのです。あの辺へ泊まったというのです。ちゃんと名前まで言って、何とかという家があちらにあるはずで、そこから新潟師範に通っていたかわいい女の子がいて、夏休みだとか何かになるとその子を乗せてきたと言っていました。そこへ来ると大変大事にしてもらって、ごちそうしてもらって泊まって翌日帰ってきたと言っていました。どうもその名前は、この間まで町会議員をしていらっしゃった中静さんの親かおばあちゃんかその兄弟かくらいではないかと。中静さんという家だったと言っていますから、非常にはっきり分かるのですね。だから長岡もきっと川で新潟と往き来していたのです。

長岡へ来ましたときに、私を知っている皆さんが歓迎会をしてくれました。十人ぐらいいたと思うのだけれども、かなり酔っぱらってきたらおまえは新発田で裏切り者だとやられまして、歓迎会をやっておきながら裏切り者だ、何だというので、喧嘩になった覚えがありました。ところがその新発田藩は、長岡藩が新潟を統治していましたから、長岡藩からはさんざんいじめられているのですね。長岡ががっちり新潟の港を押さえていましたから、それこそ船で、鉄砲でも何でも持ってこれたのではないでしょうか。牧野の殿様はご親藩ですし。そういうようなこともあって、信濃川はとても大きな役割をしていただろうと、初めて信濃川のことを言いますけれども、そう思います。上越線ができたのは新しいので、それまではずっと信越線ですね。それから酒屋の杜氏さんたちが出稼ぎする、遠くへ行くというのは、「信州に行った」「上州に行った」と言いましたが、「信州へ行った」のではなくて、信州回りだったのだろうと思うのです。碓氷峠を越えているのですね。寺泊の野積の杜氏さんたちは遠くに行くことを鱈場《たらば》へ行くと言います。鱈は遠い所にいるのです。小さな鱈はその辺、佐渡にもいますけれども、大きな鱈は深い所なので、遠い所にいるのですね。だから遠くへ行くことを「鱈場へ行く」と言うのです。こちらは出稼ぎへ行くのを「上州へ行く」という言い方をしたのです。信州を回っているのですね。それは考えてみれば、昔は田んぼの仕事が終わるのは十月の終わりごろではなかったでしょうか。刈ってきてそれからこの稲を米にしてですから、そうなったはずです。そうすると、もう清水峠は越えられなかったのですね、雪が降って。そのころに杜氏さんたちは出稼ぎに行ったのだろうと思います、明治の終わりごろから。

これからの信濃川との付き合い方

豊口　いろいろ歴史的な面白いお話も随分伺いました。それで、私たちは信濃川をもう一度考えてみなければいけないと思います。信濃川がお酒やお米に貢献してきた歴史というのは非常に大きなものだろうと思います。私もこちらへ来てなるほどと思ったのですけれども、明治元年というのは、日本では新潟県が一番人口が多かった。それほど人が住んで豊かな生活をしていた。代表的な船運業というのは信濃川で行われていて、しかも長岡で大きい船から小さい船に荷物を置き換えて、そこから船に綱を付けて土手を歩いて引っ張って上ってきた。ですから、この信濃川というのはいかに新潟県の人たちの生活を支えてきたかということはよく分かるのですね。そこでいい米もできるようになった。

長岡へ来て初めて私は火焔土器というものを見たのです。それまでは教科書で見ていましたが、あの火焔土器の本物を見たときに、これは火焔じゃないなと思ったのです。違うと。作った人の情念のようなものが〝がん〟と胸に入ってきました。それから信濃川のことをいろいろ伺いますと、先ほど嶋さんがおっしゃったように東山から西山までの間が全部信濃川だった時代がある。八岐大蛇《やまたのおろち》が流れてくるというのは、あれは背中に樹木を背負っていますから、要するに鉄砲水ですよね。それがとにかく人々を苦しめた。六月ごろに洪水になって〝ばっ〟と水が流れてくる。今から四、五千年前ですから、それは大変な状態だったと思います。そこへ風が吹き、波が立ち、渦を巻いている。そこにいた人たちは東山、西山、特に西山の方に土器が出ているのですけれども、天を仰いで、神よ助けたまえと。なぜこんなに我々を苦しめるのかと。何とか洪水を鎮めてくれないかということで祈ったのです。祈り続けたけれどもそう簡単には治まらない。そのうちに、神に伝えられる言葉をどこかで見つけなければならないと。それで、祈り続けているうちにその濁流の渦を、これが神に通じる言葉なのだというように思った。その神と人間を結ぶ共通の言葉として、渦を土器に表現して作った。特に風のひどい日は波頭が飛ぶわけですから、今、鶏頭冠《けいとうかん》**(注二)**などという名前で呼んでいますけれども、あのころに鶏を飼っていたかどうかは知りませんけれども、そういう波頭を周りに作って、それで神に捧げた。しかもあの土器には煮炊きをした跡がないのですね。みんな完成品のような状態で地中から出てきている。だからこれは神に祈った祈りの土器なのだろうと、私は素人ですからそう解釈しているわけです。恐らくあれだけ大きなものですから、成人になったときに、おまえひとつ神に祈りを捧げろというので作らされた。だから同じものはないわけです。しかも非常に精巧なものができてきています。ところが長い年月祈っているうちに、だんだん川もおとなしくなってきます。流れがあるところに集中してきて、土がだんだん堆積してきて、なるほど、我々の祈りは神に通じたのだということで、土器も姿を消していったというのが、どうも本当ではないかと、自分自身で納得して、そうかそうかと思っているわけです。メキシコやインカ、地中海だとかそういうところへ行ってみますと、火を基にして作った土器とかそういうものはないのですね。全部水なのです。中国もS字というのは龍ですから、やはりこれは自分自身としては水紋土器とか信濃川土器と言った方がいいのではないかと思っているわけです。

そう思っているうちに実は今、教科書から火焔土器が姿を消しています。縄文の代表として出ていた火焔土器が教科書から姿を消した。もう少し歴史的に分析してみる必要があるのではないかというような気がしているわけです。それくらい実は私の人生に信濃川は大きな影響を与えてくれた。もう一度自分たちを古代の人たちの歴史の世界に引っ張り込んでくれたという、そのパワーがあの土器にはあるのです。縄文土器というのは、確かに縄文の形があります。ところが、火焔土器と称する土器には縄文の跡はどこにもない。全部手ひねりのこういう水の流れのようなものです。出土の分布は津南町から長岡市付近までの信濃川中流域、その丘陵地の平坦部分や、河岸段丘が中心になっています。ということは、この素人考えもある程度、意味があるのではないかという気がしているわけです。信濃川というのは日本を代表する大河なのですけれども、これをもう一度本当に、日本人として、と言うとオーバーになりますので、新潟県として考えてみる必要があると思っています。

今は自分たちの生活がなんとなく信濃川から切れてしまっている。信濃川の中州へ渡って町を見たときに、自分たちの町がどういう町であるか。昔の人は自分の町を船から見ています。ところが今は陸地から川だけ見ているということで、生活から切れてしまっている。もう一度信濃川の中州へ渡って、信濃川がつくり続けてきた、我々の先人が住んでいた町を見直したときに、どういう発想がそこで生まれてくるか。川との結びつきが初めて分かるのではないかという気はしているのです。今でも長岡の長生橋の下を一万匹近い鮭が遡上しているわけです。湧水《ゆうすい》があって、その湧き水のところに卵を産んでいるわけです。鮭たちの生活がまだ続いている。こういうものをもう一度市民は認識しなくてはならないし、鮭の卵を孵化《ふか》して川へ流して帰ってくるのを待とうなどと言っているけれども、昔から帰ってきているわけです。そういう鮭たちがもっと楽しく帰ってこられるような川をつくるためにはどうしたらいいか。そうすると人間の生活もまた変わってくるだろう。私は東京から長岡へ来まして十二年たちましたけれども、そういうことを考えさせてくれたのが信濃川なのです。橋を渡りますね。十五分かかるわけです、一キロありますから。最初に来たときに、今日みたいに晴れたものですから、これはいいやと思って歩き始めたら突然、天候が変わりまして、べた雪が顔中くっついてどうしようもなくなったことがあるのです。地球が回っているということが分かるのですね。川面に反射する光が変わってきますし、ああ、地球は動いているなという感じがする。それも実感として教えてくれたのです。

風神とか雷神という絵がありますね。これは絵画の中に出てくるわけですけれども、そこには必ず水が描いてあるのです。風神雷神というのは天の神様ですけれども、その神たちが水というものと生活を人々の中に見いだして与えてくれている。風神雷神の顔を見ると、一見怖いのですけれども、実は優しい顔をしているのですね。神だけれども人間とのつながりを感じさせるように描かれている。そして必ずそこに水があるということをあらためて感じています。そこからもやはりあれは火焔土器じゃないなという認識を強くしているのですが、どうでしょう。

それは分かりませんけれども、そのころの人たちにあれは水か火かと聞かなければ分からない話です。

嶋

酒とのかかわりといわれると少し面倒だったのですが、渋海川というのは大変暴れる川で、新潟大学の大熊先生にこの間聞いたのですが、ヒューストンのような、ハリケーンというのですか、ああいうものが温暖化でだんだん大きくなったり集中豪雨がひどくなったりということは世界的だそうです。そして、だいぶこの間の大雨のときに堤防が傷んだそうです。大熊先生は、あと五十ミリ降っていれば切れているねと言う。それで、あんなふうになっても大丈夫なのか、何とかならないのかという話をしたところ、いや、だめだ。おっかないから逃げた方がいいのだという話をして笑われたのですが、切れてもいいようにしておかなければいけないのだという話でした。それは先生の河川工学の方からいえば、切れても人が死なないようにしておかなければならないという話をされながら、先生、だけれども調べてくれと。やはりまずはその暴れ川が暴れないように、信濃川は大丈夫なのですかと言ったら、大河津分水、寺泊の野積に行くあれを倍ぐらいにしないと、本当に大丈夫だとはいえないのだそうです。本当は歴史的にはそういうプランがあったのだけれども、途中でやめたのだということだそうです。へえと思いました。それほど大変なのだそうです。だから本当に信濃川はそういう点で危なくないようた、まずはきちんとしてもらわなければいけないということ。

今鮭の話が出ましたので。村上の人たちは鮭のことを「ぼや」というのですね。「いよぼや会館」というのは、鮭の坊やのことなのですね。村上もそうだし、山北に行ってもやはり「ぼや」だそうです。皆さんのところは「ぼや」たちは帰ってきますか。私のところは子どもが二人、孫もみんな東京にいますけれども、大抵の家が「ぼや」は都会へ行って帰ってこないのです。なぜ帰ってこないかというと、働くところがないからみんな出ていったのです。今度はなかなか戻ってこない。ところが鮭は戻ってくるのです、ちゃんと。渋海川も昔はたくさん戻ってきていたそうです。今も戻っているのだそうです。これはどこかで生むから帰ってくるわけですね。小国のあたりから先はあまり行けないだろうと思うので、多分あの辺までの間に。それは長岡の殿様の牧野さんに聞きますと、水産庁で鮭の方の係をやられたことがあるそうでして、漁業権というのは何年かで見直すということがあるそうです。今は魚釣りをしてはいけないのですね。貝を採るのはいいそうです。ところが実績を積んでいけば何年かすれば、実績を積んでいくというのは、子どもを買ってきて放して、何年かやっていると見直しのときに捕ってもいいよというように変わると。それから長岡の方は漁協があるのだけれども、そんな鮭を捕って食べている人はいないのですね。鮭を捕る技術を持った方々も次第におられなくなっていると聞いています。そうすると、ここまで上ってくる鮭はあまりうまくないと思うのです。だから金にはならないと思います。銭金の問題ではなくて、皆さんのところのぼやたちが帰ってくるために、これはそういうことを子どもたちの胸に焼き付けておいてもらうためには、鮭を捕るというのは大変いいことではないかと、そういう運動を起こすことが大事ではないかと思っています。

あんなものまずくてだめだとか、安いじゃないかということではないと思うのです。もともと将軍様のところへ鮭を献上していたのは長岡藩と新発田藩なのですね。この間博物館に行って分かりましたけれども、しかもとても早いものを届けた。殿様に献上して将軍様にも届けたということになっているようであります。そういうことを聞くにつけても、そのようなとらえ方も大事ではないかと今思っているところです。

豊口　今非常に重要なことをお話しいただけたと思うのですけれども、やはり川というのは人との生活がつながっているわけです。よくいろいろな方もおっしゃっていますけれども、川が地球につながっていることが必要なのだと。側溝を造ったり、人工的に手を加えていくと、地球と離れて、地球と一緒に川が生きていない。川は地球にくっついて、人々の生活と密接な関係があるような状態でいると初めて川は生きている。そうすると魚も帰ってくる。周辺に木がちゃんと植わっていて、栄養のあるものが川に流れ込んでいくと、それを魚が食べたりカニが食べたり水中生物が食べたりする。これは地球とつながっている証拠なのですね。ですからホタルがいなくなったのは地球とつながらないような川を造ってしまったためにホタルは生きていけなくなった。この母なる大河信濃川も、我々としては地球につながって一緒に生きている川なのだということをもう一度認識しておく必要があるのではないかと思いますね。

信濃川は千曲川から始まって、甲武信岳《こぶしがたけ》（注三）の上から水が流れてくる。あの甲武信岳に行きますと、水がとうとうと流れているわけです。この水がまたおいしいわけです。それがやがて千曲川を流れてきて信濃川に入ってくる。この間ご厚意でヘリコプターで下から上まで全部、六時間くらいかかって見せていただいたのですけれども、あの甲武信岳の周りの紅葉というのは、目が飛び出るくらいきれいなわけです。山の斜面が両側分かれていますけれども、両側で色の発色が違っている。これは自然現象だと思います。しかも下から雲がわき上がってくるような状態で紅葉がぐっと目に迫ってくる。その中を源流からの水が流れている、それは見えませんでしたけれども、流れているわけです。千曲川というのはあまりくねくねしていないのですね。信濃川の方がくねくねしているのです。名前が逆かなと思いながら見ていたのですが、この大地を流れてきているわけです。恐らくこれから将来は、日本で一番大きな川、しかもあらゆる私たちの先祖がつくってきた文明というか文化をつくり上げてきた川が、もう一度地球にくっついている川として生き返っていくことが必要なのだろうと思います。そうしますと、水の汚れはなくなる。下水ですとそのまま流れてしまいますけれども、地球にくっついている場合は水が自然にきれいになっていく。昔は二〇〇㍍流れたら飲めるのだとよく言われていましたけれども、そういう時代がこの信濃川で蘇ってくる可能性もあるのではないかという気がしたのです。

　生命の水であるということはお酒です。ぜひともこの生命の水とお酒とをうまく結び付けて、これぞ新潟の酒だと、世界一の酒だということを我々の子孫にも伝えたいし、それは先人に対する一つの我々のお礼だと思うのです。

嶋

　今度の市町村合併で長岡市と新潟市はお隣同士になります。寺泊まで長岡市だから、新潟市はちょうど角田山の裏・岩室で、新潟市と長岡市はくっつくことになります。それくらい新潟市も大きくなるのですね。新潟では食、食べ物がうまい。それから花もいいと。白根や新津の花の話ですね。食だ花だと言っているのです。そしてうまいものを食べに来てくれ、花を見に来てくれというようなことがやたらと出ています。だけれども、私はそれでいいのかなと思うのです。そういうシンポジウムなどをやりながらうまい食を作るＪＡの人が入っていないし、花を作る組合の人も入っていないのです。その人たちはみんなどう言っているかといえば、農業を辞めたがったりしているのです、作る人たちが。これはこちらでもそうだと思います。魚がうまいと言うけれども、あれは日本海の魚は努力してうまくしたのではなくて、最初からうまいのですね。新潟県の米は不味かったものを一生懸命やってうまくしたのです。ところが、その最初からうまい魚すら、捕る人たちは高齢化しているでしょう。もうどうにもならなくなっています。それで、養殖でなければ、大きい船で外国から魚を持ってこなければならなくなっているわけです。そういうことを考えると、何を考えているのだろうと思うのです。それこそ豊口先生のデザインの出番ではないかという気が私はするのです。

つまり、先ほど、青森に行ってきたお話をしましたけれども、行ってきて本当に感動したのは、青森の少し外れた所なのです。田舎館村という村がありました。そこに、人口八千人だそうですけれども、八千人の村にちゃんと学芸員による立派な博物館がありました。この会場の倍ぐらいの広い所を掘ったら出てきたそうでありますが、バイパスを造ろうと思ったら二千年前の水田の跡が出てきたと。九州の方は二千三百年前ぐらいから米が来ていたということは分かっていますが、青森はまだ縄文時代、鉄はないのですね。そのころにはもう九州には入っているのです。ところが、そういうところで働いた人たちの大人の足跡、子どもの足跡がぺたぺたくっついています。それが出ていました。大変感動的でありました。日本に入ってきたものがわずか数百年の間で、ちょうど向こうは二千年ぐらいだといっています。弘前大学の先生が言っておられましたけれども、調べたらそのくらいだと。今東北は相変わらず天候が少しおかしければ冷害になります。そのころも取れたり取れなかったりしたのだろうと思いますけれども、あの時代の人たちが頑張った。そういうものを見て、酒の歴史は分からないものですから、米の歴史を見て、そのころに溯るな、というようなことを思いました。

そうすると、こういうものを少し勉強して、新潟県にとって信濃川は何であるか。山脈を崩してどんどん田んぼを作った。一度新幹線で、こちら側にいた四人ばかりの若い女性の皆さんが、湯沢を出て大和町あたりから浦佐、そのあたりからずっと眺望が開けますね、そこで三、四人が声を上げて、自然はいいわねと言っているわけです。彼女たちが見ていいわねと言ったのは田んぼなのです。小千谷からこちらの方、ずっとこの辺が見えるわけです。それは本当に自然だろうかという気がするのです。本当に河原のようになってのたうっていたわけでしょう、信濃川は。それを営々として石ころを取ったりして田んぼを作ってきたのです。この大平野、外国から比べたら狭いというけれども、越後の平野はみんなそうやってつくってきたわけです。ブルドーザーなどはないときです。

水田というのは大変文化的な構築物、営々として先祖が作ってきたものです。それがあまりにも簡単に放棄されたりしているということを、もっと本気で考えなければならないのではないかと。新潟県はもともと何だったのだろう、長岡は何だったのだろう、俺は一体何なのだと。これは訳しようがなくて、先生に適当に訳してもらうとどうなるのでしょう。アイデンティティーという言葉は訳しようにも分からない。どうもそうらしいのですが、それをしっかり考え直さないとおかしい。それを考えた上での二十何万都市だか八十万都市のデザインというのはしっかり考えた上で進めてもらわないと、めちゃくちゃになるのではないかと思うのです。みんな東京の真似をしてみたりというところが、今日本中そうなっている。特に、この間小泉さんが大変なことを言っていましたね。戦う農業をやればいいのだと。うまければ買ってくれると。何をばかなことを言っているのか。本当にそのあたりが分かっていない。分かっていない人たちが調子のいいことを言って、それをみんながあまり刃向かわないものだから、やれると思っているところに日本の怖さが今あるように思っています。

豊口 ディテールに入っていきますといろいろ問題も出てくるのですが、ここで、せっかくですから、会場から何かご質問がありましたらお受けしたいと思います。いかがでしょうか。

会場 非常に楽しくというか興味深く拝聴させていただいたのですが、私も人並み以上にお酒が好きで、「き」が付くくらい足をそちらに少しばかり滑らせてみたりしてまた戻ってきました。いわゆるお神酒ですね、神の酒と書きます。それから御酒と書いて「みき」と。沖縄に行きますと、何と言いましたでしょうか。

嶋　沖縄では、御酒と書いて「うさき」というのです。

会場　「うさき」といいますね。それで、神ですよね。カムイというアイヌ語がありますね。カムイというのは神様ですよね。その辺に私は非常に興味があるのですけれども、向こうに行きますといろいろな伝説があるのです。それで、神、それは私はやはり語源的には「噛《か》む」という、咀嚼《そしゃく》するというところに何かあるのではないかと。ですから、酒というのは一つ間違うとそれを「割く」ということになると。ですから、お酒を飲むと私はどちらかというと陽気になる方なのですが、中には泣き上戸があったり喧嘩をふっかけたりする、暴れる者もいます。ですからお酒というのは心を通わすということもあるし、一つ間違うと正気を失うということもありますので、「割く」という、だから非常に恐ろしいものだと。しかし私はその恐ろしいものが大好きでして、皆さん方のお話を伺いながらそのようなことを考えていました。

嶋　一つ面白いお話をします。酒は神様ですね。そうすると、日本の国は多神教で神様がいっぱいいるわけです。喧嘩の神様だの何だのとみんないろいろいるわけです。そうすると、酔っぱらうのはどのように考えたかというと、偉大な力を持っている神様がいつもお上がりになる酒ですから我々が飲めばかーっと温かくなってくるし、酔います。そうすると、日ごろ気の小さい者が大きいことを言いだしたり、まじめな人がスケベになったりするわけです。そうすると、それは神が乗り移ったと考えればいいわけです。あいつはスケベな神様が乗り移ったのだとなりますから、日本人ほど酔っぱらっても文句を言われない国はないのだそうですが、神が乗り移ったのだから、酒を飲んだときのことはあまり言うなよと言いませんか。そうすると、それはあいつが悪いのではなくて乗り移った神様が悪いのだと。喧嘩の神様だとか、泣き上戸というのは泣く神様が乗り移ったと。そういう考え方をしているのではないでしょうか。だからあまり悪い神様に乗り移られないような飲み方をしないとだめなのですね。

私たちにとって、新潟県のお酒というものはやはり宝物です。そしてお酒を造ってくれているお米も宝物ですし、そして信濃川の水も宝物だと。この先輩ないしは神様が与えてくれたこの宝物をこれからも大切にして、素晴らしい新潟のお米とお酒と、そして日本で一番大きな大河、信濃川を誇りにして、明日をまた期待しながら生活をしていきたいと思っております。

豊口

（注一）でんぷん成分を分解し、糖に変化させる酵素
（注二）火焰土器にある突起をさす
（注三）信濃川の源流

これからも川とともに生きる

～川とのかかわりを教えることが環境教育の出発点～

河合佳代子

kawai●kayoko

有限会社UFMネイチャースクール社長・環境コーディネーター、東京都出身。大学卒業後、アメリカニュージャージー州立自然保護学校に滞在、小中学生の指導にあたる。帰国後、財団法人キープ協会、環境教育事業部レンジャーに勤務、アメリカ・ヨセミテ国立公園夏期実習生としてレンジャー業務を経験。平成6年より新潟県での生活を始める。フリーランスの環境教育コーディネーターとして環境教育、自然体験活動のプランニング、トレーニング、ワークショップなどの活動を行う。平成14年には有限会社UFMネイチャースクールを設立、取締役社長。自然体験活動の企画・実施、自然体験施設のコンサルティングなどを行う。

河合佳代子×豊口協

信濃川との出合い

豊口 皆さん方と一緒に自然環境を含めた環境について、いろいろと考えさせていただきたいと思っております。河合さんは、理論だけではなくて自分の行動で体験的環境教育ということを実践されてきた方です。日本だけではなくて、外国での経験も非常に豊富であります。これから将来の新潟県、信濃川環境、さらには地球環境問題にまで私たちは取り組んでいかなければならないわけで、そういう世界で働く人材育成をこの信濃川から発信したい。信濃川で育って信濃川で学んだ子どもたちに、やがて世界で機能するような人材として地球環境の問題を取り上げてもらうことができれば、これは非常に楽しいことだろうと思います。今日ここで環境問題について皆さん方のご意見をいただきながら、将来の私たちの環境に対する考え方をまとめさせていただければという気がいたしております。

私、長岡へまいりましたのが十二年前です。信濃川の土手に立ったのは十六年前です。私は東京で生まれ、東京で育っていたわけでありますけれども、実はそれまで川に対する関心というのがあまりなかったのです。東京造形大学におりましたとき、相模川の上流が八王子の近くにありまして、それがずっとまっすぐ南へ流れてきまして、太平洋に流れ込んでいるわけでありますけれども、この相模川というのはいったいどういう川なのかということを一度調べてみようということで、学生を連れて現場へまいりました。そのときに大変驚きました。まず、川に出られないところがいっぱいある。特に厚木地域というのは、工場が敷地を占めておりまして、出られないところが多い。学生に川の中を歩かせたのですけれども、実は入れないところがある関係で、大変なことがそこに起こっていたことが分かりました。一番たくさん捨てられていたのが、オートバイと自転車であります。なぜ川の中にそんなものが捨てられているのか、驚きでありました。洗濯機、テレビ、数百という数で相模川の河川敷の中に捨てられていたわけです。私たち学生を含めて大変驚きました。日本の川というのはこんなに生活から離れて汚されているのかということで、大変悲しい思いをしました。それが心に残っておりまして、長岡へ来て信濃川の土手に立って川の流れを見たときに、私はこんなに美しい川の流れがまだ日本にはあったのだと大変感動いたしました。ちょうど夕方だったものですから西山に太陽がずっと沈んでいく、その太陽の赤い色が透き通っている。だけど、東京で見る夕焼けというのはどす黒くなっている。空気が汚染されていますから、黒い色をした太陽が西へ沈んでいく。こんなに太陽というのは美しかったのだということで、あらためてまた感動いたしました。そして、太陽が沈むに従って空の色が変わる、やがて濃紺から紫に変わっていく。そして一瞬ですけれども、金色の光が自然界を飛ぶように走るのです。私は生きていてよかったなと、人生、生きていれば何かいいことがあるのだということで大変感動いたしました。それから私は信濃川が大好きになりました。私に生きている証しを与えてくれたのと、もういっぺん人生を考えてみようということを信濃川が教えてくれたのです。

それから、私は新潟県に流れている日本で一番大きな大河・信濃川を中心にしていろいろなことを学ばせていただきました。その中で出てきたのが環境という言葉でありまして、私たちが学生時代にはこの言葉はありませんでした。今になって環境という言葉がいっぱい出てきているわけです。地球環境の問題から始まってありとあらゆることが環境問題だと、だけど、おそらくまだ学問的な体系はできていないだろうと思います。環境学ということは、世界的にいろいろ問題がありながら、オーソライズされていないのではないかなという気がするのです。私もそうですが、おそらく河合さんも信濃川がお好きだろうと思いますが、なぜ好きになったかというお話から、問題にだんだん入っていきたいと思っています。

河合　私も実は先生と同じで東京出身です。私の実家のそばには、神田川の支流が流れていまして、今でこそ少しまともになって、魚とか鳥などもすむようになりましたが、私が子どものころは三面護岸でした。子どものころに橋の上から体操着を落としてしまったら、もうドブ臭くて着られなくなってしまったというのが、私の子どものころの川の思い出です。そして、そういうところで育ったからこそ逆に自然体験、自然の中での活動が好きになって、興味を持って大学でも専攻するようになりました。大学時代、夏休みに子どもたちのキャンプのプログラムで魚野川にまいりました。初めて大きな浮き輪でプカプカ浮いて遊んだり、カヌーに乗ったり、川遊びというのもしたのです。川というのは遊べるのだというのが、魚野川の第一印象でした。そして、その遊びがどんどん広がっていく。それは川の水だけではなく石でも遊べますし、いろいろな遊び方ができる、そういったことの発見というのが魚野川、信濃川の一つの出合いでした。

そして、縁あってこちらの方に住むようになりました。実は連れ合いがこちらの出身で、結婚する前にこっちの川をぜひ見てほしいと。彼に自分の好きな川があるから一緒に行こうと誘われたのです。そこの川では本当に泳げるのです。初めて泳ぎを覚えたのは川だったというのが、まだ連れ合いの時代にはあったわけです。そして、そこの川で水中めがねをかけて魚を追いかけて、そして砂の中にもスナヤツメですとか、川にすむ生き物をつかむことができるわけです。そして、帰りは用水路でプカプカ浮かんで帰ってくる、そんな遊びを彼が紹介してくれました。同じ昭和四十年代に生まれた子どもであっても、住んでいるところによって川との遊び方がこんなに違うのだというのを知って、すごいなと思ったのです。毎日そうやって遊んでいる人たちが同じ時代にいるのだということに驚きました。そういった遊びができることで、いろいろな感性が育っているのだと強く感じました。生きている川では、今、先生がお話しされた、風景の素晴らしさというのもありますが、寄って触って体験することができる。生きている川というのが信濃川の素晴らしさだと感じました。それが私の信濃川の印象です。

豊口　今、年齢のギャップを感じているのです。私が育ったころは、川は遊ぶところだったのです。ですから、私が水泳を覚えたのも、川でした。小学校一年の時に上級生がついてこいと、怖い上級生でしたからついていったのです。「これから川を渡る、泳げ」「どぶん」と飛び込んだのです。私は泳げませんでしたけれども、そこを渡らないということは日本男子として恥になりますから、とにかく飛び込んだ。しかし、もがいても、なかなか進まない。そのうちに水を飲んでしまって助けてくれと言ったら、みんな向こう岸に着いて笑っているわけです。何で笑っているのかと思ったら、浅いところで立てたのです。それで、初めて水泳を覚えた。上級生もそういうことで下級生に水泳を覚えさせるのです。そうすると、それで川が自分の遊び場として生きてくるわけです。すごく楽しい。今度は魚を釣るときも笹の葉っぱみたいなものを取っていって、その先に糸をつけて、針をつけて引っ張っていると、自然に魚がくっついてくる。

魚を釣って帰ってくる。それを上級生がまた生意気な顔をして「川の魚は生で食えるぞ、食ってみろ」と言う。生のまま食べて胃が痛くなったりしたこともありますけれども、そういうふうにして実は川との生活が広がっていった。それがだんだん時代とともになくなって、川が生活から切り離されてしまった、これが戦後の日本の実態だと思うのです。

日本以外の国でも、それぞれの人々と川との関係というのは全く違った文化として一つの形態をなしているわけです。そういうことをある程度の年齢になってから知りました。最も驚いたのが生まれて初めて長期出張で行った台北の町なのですけれども、あそこに淡水という川が流れています。非常にきれいな名前です。淡水の下流にゴルフ場があって、日本人がよく行っていました。その淡水に行ったときに私は魚を釣ってみたいと思って聞いたら、ここは魚がすんでいない川だというのです。どうしてですかと言ったら、とにかく魚を見たことがない。不思議に思って台北の市内をずっと歩いてみましたら、台北には中小工場がいっぱいあって、その中小工場からの廃液が流れてくる。それが市内の小さい川の中を流れているのです。台北の人が、先生、この川は何という川か知っていますか。笑いながらこれは黒竜江だと言うのです。廃液で真っ黒なのです。その黒竜江の水が川に流れ込むと、自動的に川の生物を殺してしまうということで、淡水が全く魚のすまない川になっている。しかも人々がそこにものを捨てますから、一時期は発泡スチロールで河口が全部埋まっていたことがあります。今は一生懸命きれいにして、非常に美しい景観に変わっていますけれども、そういうふうにして川との生活のかかわりの中で、川が汚染されてきた時代があります。

これは一つの例ですけれども、長岡造形大学がスタートしたその年に、台北から一人の留学生がやってまいりました。私が台北の大学へ行って講義をしているときに通訳をしてくれた先生の娘さんなのですけれども、私の大学に入ってきました。環境系の学科を選んだ。それで、環境に関する研究をし、大学院を出た。しかも、一番の成績で卒業しました。彼女は淡水という川をいかにきれいにしたらいいかということを信濃川の土手に立って考えて、台北に戻ってその計画を具体化するプロジェクトに参加しているのです。ですから、既に信濃川というのは一人の若者を通じて、世界の河川に対する新しいプロジェクトを具体化しているのだということを皆さん方にお伝えしておきたいのです。やはり時代が変わって、川に対する認識が変わってきた。この時代がこれからの川を中心とした人間環境といいますか、自然環境といいますか、それらに対して新しい世界的なメッセージを送る時代になってきたのではないかなという気がしているのです。

環境教育とは何か

河合　今、豊口先生から、川で遊んだ経験というお話がありましたが、私は昭和四十年代生まれです。地域差はありますが、この年齢の私が川で遊んだ経験がなくなっている。私から下の世代はどんどんその割合が増えているわけです。日本が変わっているというのは、事実としてあると思うのです。今の子どもたち、新潟県内の自然豊かな信濃川流域の子どもたちであってもよっぽど意識のある地域、もしくは意識のある子どもでないと、川で遊んでいない。今、子どもたちの遊びの主流は何かといったら、皆さんお分かりのようにテレビ、テレビゲームです。今、世の中では、危ないから子どもは一人で歩いていてはいけないわけです。親が一緒にいられない時は何をしていると親は安心かというと、家でテレビゲームをしてもらっていた方が安心なわけです。でも、本当にそれでいいのでしょうか。今のバーチャルの世界はすごいですよね。昆虫が出てくる人気のソフトがありますが、内容は昆虫の生態についても加味してあり、よくできています。ただ、私がそこで思うのは、バーチャルと実際は違うのです。私が実際にプログラムをやっていて、専門的なことをよく知っている子はたくさんいるのです。鳥とかをよく知っている子が、信濃川の河川敷で鳥を見に行って、あの鳥は何とかだよと伝えると、「えー、違う」と言う。「何で?」と聞くと、「僕が知っているあの鳥はもっと大きいもの」と。

「あっ、そうか、君の家のテレビはきっと画面が大きいんだね」ということになる。細かい部分はよく知っているのです。あの鳥の羽は、ここがこう立っていて、ここの色はこうでと。でも、実際の鳥で、そこまで詳しく見るためには相当に近づくか、性能のいい双眼鏡を使うしかないわけです。今の子どもたちは、確かに環境に興味のある子もいて、知識も多いのですが、それが実際のものと結びつかない、知識として知っているものとそこにあるものとが自分の中で結びついていないというのが、一つ大きな問題ではないかと思っています。

環境教育というのはつながりではないかと思うのです。環境教育の言葉のほかにもエコロジーという言葉が取りざたされました。エコロジカルな生活、地球にやさしい生活というフレーズが多くあります。エコロジーというのはギリシャ語のオイコスという言葉からきているそうです。オイコスというのは家ということらしいのです。家の中にはいろいろなものがあります。そのいろいろなものがつながって家になっているわけです。家の中にある台所用品、鍋もやかんも、それから本もいろいろなものが組み合わさって、それで初めて家ができている。だからエコロジー、日本語で生態学という訳になると思うのですが、生態学というのは何かというと、〝もの〟と〝もの〟とのつながりなわけです。環境教育では、そのこと一つ一つを詳しく知ることも大切なのですが、もう一つ大切なことは、その〝もの〟と自分がどうつながっているか、そのことと事実と社会がどういうふうにつながっているかということをつなげて考えられることが、大切な部分ではないかと思うのです。環境教育というのはいろいろな段階があります。まず関心を持つ、関心を持たないと物事を見てもらえません。それをもっと詳しく知ろうと思うと知識、学びが必要です。そして、それにどういうふうにかかわるか、そして、それにかかわって、その後にどういうふうにそのものに参加していくか。環境教育の基にあるのは、今の私たちの生活でいいのかというところがあると思うのです。現代社会的な暮らしをしていれば、残念ながら川はどんどん汚れていく方向になっています。先ほど先生が、信濃川に太陽が沈むのを見て美しいと思って、それが一つ出発点だったというお話がありました。人間の心のどこかに、それが子どもであっても、素晴らしい夕日を見れば、そこで自然の雄大さ、地球の雄大さ、宇宙の雄大さを感じます。そういったものは、地球にすんでいる生き物としてのスイッチがあるのではないかという気がするのです。ただ、今そのスイッチさえも危なくなっている、そこが環境問題の一番怖いところなのだろうと思います。やはり環境問題は、そのスイッチをどういうふうに地球に生きる生き物として入れていくかというところがとても大切なような気がしています。

豊口　世の中の状況を見てみますと、どうもボタンの掛け違いというものがたくさん起こってきているような気がします。東京に日本の人口の一割が住んでいる。地方に住んでいる人口と比べますと、かなりの比率で都会に住んでいる子どもたちが増えてきている。そういう子どもたちにいくら言葉で環境問題を話しても、それからほかの生物とのかかわりを話しても分からないだろうという気がするのです。特に都会にいる親というのは、子どもたちに対して川は汚いとか、泥で遊んではいけないとか、土にはどんなものが入っているか分からないとか、はだしで外を歩くことすら許さない。東京の子どもで実際の大地、土を踏まないで一生を終わる子どもがたくさんいるだろうと思うのです。生まれて靴下を履かされて、靴を履かされて車に乗せられて、鉄板の電車に乗って学校へ行って、会社へ行って帰ってきて生活をする。それで一生を終わって、実は土の中に足を突っ込んだことがないという人たちが非常に増えてきている。これが生物としてはおかしいという気がするのです。

日本人というのは昔から自然と共生する動物です。要するに農耕民族ですから、親が自然とのかかわりの中で子どもたちに生活を教えてやる。春になればこうなるよと、春になったら山菜を採っていらっしゃい、オタマジャクシがいるだろうということを実際の生活の中で子どもたちに教える。私も小さいころ、よく母親から、裏の畑へ行ってキャベツについている青虫を取っていらっしゃいと、青虫が食べるとキャベツがだめになるからと言われて、朝学校にいく前に割り箸を持って畑へ行って、青虫をつまんで土の中に埋めるわけです。ある日、畑に行ってみると、モンシロチョウになって飛んでいるわけです。青虫がこんなになったのだと。それからおふくろに言われても、青虫をつまないで蝶々を見て帰ってきて、取ってきたよ。そうすると、子どもとしては青虫、キャベツ、モンシロチョウとつながりがあって、こういう美しいものに変わっていくのだということで自然に対して理解が出てくる。そういうことが私の小さいころにあったし、おそらく日本の人はそういう経験をしていると思うのです。自然と一緒に共生する。だから、日本人は亡くなりますと、〝おかくれ〟になったと言うのです。これは自然の中に埋没していったということで自然に返るという考え方です。自然と人間の関係を考え、生物と自然の関係を考えていったということで、環境教育というのは自然に家庭で行われていた。だから、いちいち教育と言わなくても、それができたのだろうと思います。ところが、ヨーロッパやアメリカの場合には、かなり環境に対する考え方は違うと思うのです。河合さんは外国に行って、環境教育の場を経験したことがおありですから、その辺の事例を少しお話ししていただけませんか。

河合　環境教育で、今いろいろなプログラムといわれる活動の紹介がなされています。マニュアル化された活動を「パッケージド・プログラム」と呼びますが、特にアメリカで盛んです。「パッケージド・プログラム」の中で有名なのは、ジョセフ・コーネルさんのネイチャーゲームでしょうか。プロジェクトワイルド、プロジェクトラーニングツリー、川の関係でいうと、プロジェクトウエットという水のプログラムというのもあるのです。その他いろいろな活動がありますが、それらはアメリカの学校教育もしくは教育の中で試行錯誤されてまとめられ作られたものなのです。

その中の一つプロジェクトワイルドは、野生と人間のかかわりを考えるというプログラムです。これが作られたアメリカでは自然というのはマネジメント、管理するものなのです。人間によって管理されるのが自然で、野生の動物の頭数も人間の管理下によってコントロールできる。プロジェクトワイルドの活動の一つで「オー・ディア」というのがあります。「やあ、鹿さん」という感じの日本語訳になるゲームです。このゲームでは初めに鹿が生きていくのに必要なものは、食べ物と場所と水であると紹介します。次に二つのチームに分けてラインに並ばせます。一つは鹿さんチーム、もう一つは環境チームです。それぞれが場所（家）と食べ物と水の中から自分の今必要だと思うもののポーズをして、鹿が同じポーズの環境チームの人に会うと、その鹿は生き残れるという子ども向けのゲームです。生き物が生きていくためには、必要な自然界の要素があるのだというのがメッセージの一つとしてあります。そして、そのゲームを何回かやっていくと、当然鹿の数が減っていく時代があります。環境チームの人数が増えるわけです。環境チームの人数が増えていくと、今度は鹿が劇的に増える時代が来ます。そうやって鹿の頭数というのは環境の変化によって変わっていくということがゲームの中で伝えられていきます。そのバックグラウンドにあるのは、ハンティングです。北米では狩猟がスポーツになっていますけれども、そのような関係の中でいえば、ハンティングも許容されるのだという話です。そういった文化的、社会的背景が環境教育プログラムにも要素となって出てくるのです。

ヨーロッパにはまたいろいろな考え方があります。アメリカの事例をもう少し続けますと、国立公園という考え方はアメリカで一八七〇年代から始まりました。それはアメリカの東部から西部に開拓に行って、アメリカ先住民の人たちがずっと生活していた西部の自然エリアで、白人といわれる開拓者の人たちがむやみに木を切ったり、住んだりしないようにということで自然エリアの一定地域に枠をかけた、それがアメリカの国立公園の始まりです。そういったように、国立公園に枠をかけてしまって、その中でのいろいろなことを制限して、火災になったらそのエリア内はちゃんと消火するとか、自然の成り行きではなくて、人間のコントロール下に自然をおくというのが、アメリカでは環境の中でよく行われています。

日本にも国立公園がありますが、ご存じのように全部国有地ではないわけです。私有地が含まれたり、県有地が入っていたりで一定の規制が難しいというのが現状です。逆に言えば、日本人は島国という中で限られた国土の中で、その自然を利用して生きてきたわけです。ですから、ある特別なところに枠をかけたからといって、人間生活が排除できるといったものではない。先ほど先生からもちょっとお話がありましたけれども、日本の自然観というのは、アメリカのように環境をコントロールする、自然をコントロールするという自然観とはちょっと違うものがあると思うのです。
アメリカの環境教育プログラムの素晴らしいところは、活動として起承転結がはっきりして、学びの目的部分がすごく明確になっていることです。それは、環境教育の教材としては使いやすい部分です。ただ、気を付けなければいけないのは、そのベースになっている自然観そのものが違うということです。

豊口　私が今住んでいる地域には、ブナの木がたくさんあります。そのブナの木は雪をたくさん受け止めて、緑のダムといわれるブナの腐葉土の中で水をためていくわけです。地元の人はその大きなブナの木を一本切り出すのにもお神酒をかけて、お祈りをして木を切り出したりするわけです。神に感謝し、むやみに切るということではなくて、感謝する中で利用して使ってきたのが、日本の自然とのかかわり方だったと思うのです。
いろいろな見方があるのですけれども、アメリカの場合は自然を征服するという思想が根底にありました。ですから、征服して人間の力で自然をコントロールする、管理する、そういう思想が今でもアメリカには根強くあるわけです。ところが、日本の場合には自然を征服するということではなくて、自然と共生する、共に生きていくのだという思想がありますから、基本的なところは違っているという気がするのです。この辺が日本で環境問題を取り上げるときの基本的なところで、このことを考えておかないといけない、意識を持っていなければいけないという気がするのです。

私はたまたまこの間、国土交通省のご厚意によりまして、新潟から信濃川、千曲川を上って甲武信岳まで空から六時間、行かせていただきました。信濃川と千曲川を拝見して、甲武信岳のそばへ行って源流を見て、その時ちょうど秋だったのですけれども、この自然環境の美しさに圧倒されたのです。特に信濃川と魚野川の合流地点、河岸段丘がぐっと迫っていまして、昔からの街道筋があって、そこに村落があって、その辺から上流の千曲川の方へ上っていきますと、川に迫ってくる河岸段丘がだんだん消えていきながら、昔、武将たちが戦った草原地帯が見えてくる。それが切れるころからものすごい紅葉、湧き出てくる雲のような紅葉の中をずっとヘリコプターが飛んでいく。その自然を見て、なるほど日本の場合は八十パーセント近くが山林になっているわけです。その中を川が流れている。山林を流れてくる川の水というのは非常にきれいなのですけれども、そういう素晴らしい環境が残されているということを知りました。河合さんがたまたまこの地域に住んでおられるわけですが、魚野川と信濃川、そして河岸段丘の素晴らしい景観、そして森林地帯、こういうところで実際に環境教育の現場を持っていらっしゃるわけでしょう。現代の我々が置かれている環境問題をベースにして、この素晴らしい地域の中で子どもたちに対して何を今伝えようとして環境教育をされておられるのか、その辺のことをお話ししていただきたいと思います。

河合

新潟という地域で伝えられること

環境教育というのはとても幅広い言葉で、消費者教育も含まれますし、いろいろな部分があります。私が主にやっているのは、自然体験型の環境教育です。今、環境教育という言葉は世界的にはあまり使われなくなっています。現在ではＥ・Ｓ・Ｄ、持続可能な社会づくりのための教育、持続可能な開発のための教育という言葉が使われるようになっています。地球が危ないというよりは、人類が危ないというのが今の地球環境問題だと思うのです。地球環境の中で人間が持続的に生きていくためにはどういうふうにしていったらいいのかを考えるための教育といわれます。ただ単に自然のことを知ればいいとか、そういうことだけではなくて、人間と人間のかかわり、それから女性問題もそうですし、人権問題もそうです。そういった地球環境規模で考えると、環境の分野だけではなくて、どういう生き方をしたらいいのかというのを考えていかないと、人類はもうこの地球の中では生きていけない。それは日本だけではなくて、世界中の視点で考えてみても、女性の読み書きのレベルが向上しないと子どもの教育がなかなかうまくいかないだとか、そういうことがあります。そういうところまでを含めて、環境問題というのは考えていかなければいけない時代になっています。

その中で私がかかわっているのは、本当に一部の自然体験型の活動なのです。やはり、私たちの世代で人類が終わりになってしまうのは寂しい。そのためには一人一人が自分の身近な自然を見つめていく必要があると思うのです。先ほど外国の事例の話をしました。北極でやっていることが、アフリカの国で通じるわけがありません。それはその地域地域によって環境が違うからです。風土が違うからです。その風土風土に合った、地域地域に合った教育、学びというのを考えていかなければなりません。今、地球環境問題を勉強しようと一斉に講義をしても通じないわけです。住んでいるところが違うから、かかわった文化が違うから、今まで受けていた教育が違うからです。だから、大切なのは、それぞれの地域でそれぞれの持っている自然を使って勉強していく、かかわっていく、その地域の中でどうやって次につながっていくか、次世代と一緒に暮らしていけるかというのを考えるのが大切だと思うのです。その中で自然体験型の活動、この信濃川、河川流域、中越、新潟県の自然を使った活動というのがすごく大切だと思っています。東京では東京の事情を考慮した活動があるし、沖縄では沖縄の風土を生かした活動があります。北海道は北海道の気候にそった活動があります。新潟でも新潟ならではの活動をしていかなくてはいけないと思っています。

その中の一つで、私が今とても興味を持ってやっているのが森の幼稚園という活動です。学校に入ると今は総合的な学習の時間など小学生、中学生、高校生向けのいろいろな活動がありますが、実は私は幼児期というのはすごく大切だと思っています。今、子どもは本当に少ないので、小学生になると子どもはすごく忙しくなってしまうのです。スポーツもしたいし、学校行事もやらなければいけないし、地域行事にも参加しないと担い手がいなくなってしまう。原体験という言い方をしますが、小学校に入る前、小学校の低学年も入るのですが、子どものころにどういうふうな遊びをしたかというのは、ずっと五十歳、六十歳になっても覚えている大切なことなのです。いかにその時代に自分の生まれ育ったふるさとの自然とかかわって、そこでのいい思い出、いい学びができるかというのは、その子どもの人生に関わると思うのです。今、二〇〇七年問題が取りざたされています。団塊の世代が定年退職して、もしかしたらたくさんの方が新潟に戻ってくるかもしれないといわれています。それはなぜかというと、今のその方たちが昭和二十年、三十年代、新潟でいい思い出がたくさんあるからだと思うのです。それと同じように私たちは今の子どもたちに原体験、温かい思い出をたくさん残してあげなければいけないと思っています。

環境教育というのは実はすごくお節介な活動で、そんなのはつい三十年前までは各家庭、各集落でやられていたことなのです。今、地域のコミュニティーの問題が変化して、各家庭でそういったことが行われづらくなってきている。していないとは言いません、しづらくなっている現実があります。田んぼの活動にしても、今、普通の稲作農家に子どもを連れて手伝いに行けないのです。何でかというと、機械化されているので危ないから近寄るなと。稲刈りも機械を入れる部分は手で刈ったりしますが、ほかはコンバインを使って危ないから来てくれるなという話になってしまうことが多いのです。でも、私は新潟で育った子どもには田植えと草取りと稲刈りと、田んぼの泥の〝ぐちゅぐちゅ〟と、そこに足を踏み入れるとアカハライモリやサンショウウオが浮き出てくるのを捕まえる。畔でカエルを追いかける。そんな経験をしてほしい。トラクターの後ろを歩くと土が起こされてカエルとかイモリがいろいろ出てくるのです。それがおもしろくて子どもは後を追いかけるのです。それは昔はきっと鳥がついばんでいたのです。そういった経験を今はわざわざやらないとできません。田植え体験というのも今いろいろな体験学習の場面でやられていますが、もっと活動が深まり広がってもいいと思うのです。それは、農家の手伝いという意味での田植えではありません。お遊びかもしれません。ですけれども、イネはすごいです。子どもが植えたものでも、ちゃんと生き残っているのもいて、私が活動している田んぼは、今年は一俵ちょっとの収穫になりました。それをわざわざ手でやります。田植えというのはただの口実であって、田植えをしながら足元から浮き出てくる生き物を捕まえる。そういった体験です。それから、夏の田でイネの花が咲きます。その花を見てみる。その横の減反対象の田んぼで、ソバの花が咲いています。ソバの花というのもきれいです。じゅうたんのように真っ白で、ソバの花もよく見ると、おしべとめしべの高さが違ったりするのです。そういったものをルーペでのぞいたりとか、田んぼの活動、田植えだけではなくて、田んぼに行くことによって学べることがたくさんあると思うのです。ですから、子どもたちが田んぼの手伝いをしなくなったことで学べなくなったことというのは、田植えの体験だけでないのです。そこで出合えた生き物とも出合えなくなっているし、そこで見られた風景にも出合えなくなっているし、そこで観察できたものも見られなくなっているし、そこで本当だったら得られるべき家族との絆も得られなくなっている。ですから、作業がなくなったことによって、実は環境教育の大切な学びであるいろいろなつながりが、今は学べなくなっている。なので、当たり前のことをわざわざやっているのが私のやっている今の環境教育です。

豊口　私たちが育った小学校時代というのは、学校に田んぼがあったのです。授業の合間というか、時間割に組んであったと思うのですけれども、そこで田植えをさせられた。それから、学校に池がありまして、その池で魚を釣っていた。畑を耕してカボチャを作る。穴を掘って穴の中に自分たちが出した汚物を樽に入れて運んできて、そこに入れまして、蓋をして種を蒔く。しばらくすると、そこから芽が出てくる。なった実は、一つは自分で持って帰ってよろしい、あとは学校においておけと言われて、そういう経験をずっとしていた。そういうことが小学校のカリキュラムの中に全部入っていたのです。ところが、今はそういうことがないのです。

河合　今は総合的な学習の時間というのができましたので、小学校五年生でしょうか、田植えはどこの学校でも、特に新潟の中越地区であるとやられていることが多いのです。

豊口　そこがキーワードだと思うのです。新潟ならできるのです。都会はできないのです。

河合　新潟と東京の違いということでは、東京や横浜あたりでも田植えのプログラムをやられているのですけれども、バケツ稲という方法です。

豊口　バケツに稲を植えても意味がないのです。住まいの問題ですから、あまり言えませんけれども、本当に自然そのものの生活の中に人間が溶け込んで作業するということの意味は、バケツに稲を植えたのでは経験できないです。その辺で、人間というのは地球環境の中で生きてきた動物ですから、そういう人間以外の生物、生命とのふれあい、その関係が重要なのです。命の大切さとか尊さというのは、その関係の中から初めて分かるわけです。だけど、まったく違ったところにそれがあると、感性というか、本来あるべき関係からずれる怖さがあります。都庁ができたときの、会議がちょうど五時に終わりましたから、上へ行って展望台から夕日を見てくださいと言うので夕日を見に行ったのです。ちょうど夕日が中央線の西、高尾の方へ沈んでいくところでしたが、私は見て驚いたのです。今は少しは空気がよくなっているかもしれませんけれども、さっき申し上げたように、溶鉱炉の中に太陽が入っていくような、どす黒い太陽なのです。空気が汚れているな、まいったなと思いながら見ていましたら、そばに子どもを連れたお母さんがいまして、どう見ても小学校の低学年です。「〇〇ちゃん見てごらん、夕焼けがきれいでしょう」。子どもは何も言わないのです。しばらくしたら、「母さん今日の夕日、何であんな色をしているのか分かる？　あれは空気が汚染されて何とかppmだからだよ」と。小学生の低学年ですよ。僕は〝夕焼けこやけ〟の歌でも歌うのかと思っていたら、「○○ちゃん、そんなことまで知っているの、お母さんうれしいわ」と言ったのです。これは自然環境との関係に、大変な問題提起をしているわけです。おそらくその子は偏差値が高くて、どこかの大学へ行くかもしれませんけれども、その人間が大人になったときにいったいどうなるのか、ここに現代社会の日本の問題点が隠されているような気がするのです。だから、東京の子どもたちに形式的に自然はこうだよとか、環境がこうだということを言葉や単なる一つの現象だけで教え込んでいくと、問題が起きてくるのではないかと思います。これに本格的に取り組んでいくというとても大変なことになるわけですけれども、だったら、自然環境を理解できる、また自分の身をもって体験した人間が将来、こうあるべきだと言えるような人材育成をしなければいけない。それができるのが、この信濃川の流域だと思うのです。私は東京に六十年いましたから分かるのですけれども、六十歳で長岡に来て、新潟県を歩き回って信濃川の水に触れ、空気に触れ、そしておいしいお酒を飲み、お米を食べたときに、これからの地球環境を救うのは新潟県の信濃川、日本一の大河の信濃川から初めてそういう人材が生まれてくるのだという確証を自分自身で持ったわけです。それから非常に信濃川が好きになって、あちこち歩いているわけですけれども、本当にいい体験ができる、実際にいいことを教えられる、教えなくても子どもたちはちゃんと理解する。だったら、今の教育制度を変えなければいけない。いい子は川で遊ばないということは、新潟県では言わない。いい子は川でどんどん遊ぶと言わなければいけないのです。いかに川が危険かということも、子どもは自分の体で知ればいいのです。友達がおぼれたのを助ければ、いかに川が怖いかということが分かります。そういう経験で川と人間の関係が分かってくるわけです。だから、新潟県のこれからの小学校教育では、いい子は川で遊ぶということをぜひ、入れてもらいたいと思っているのです。これは個人的な意見ですけれども。

河合　安全というのはすごく大切な部分ではあるのです。なぜ今、いい子は川で遊ばなくなってしまったのか、遊ばないということになってしまったのか。考えてみると、昔は大人が川に接した生活をしていて、どこの川が危険であるかというのを熟知していたわけです。その熟知している大人を見て子どもたちも学んでいたと思うのです。今、私たち大人の生活では、川に行くことはあまりないです。私たち大人の生活が川と離れてしまって、川に行くと分からないことが多いから行ってはいけないのだと、何が危ないか大人が教えられなくなっているのではないかと思うのです。そこで、お節介な環境教育という言葉の中で言うと、川で遊べるような情報を私たち指導者が調べていきます。実際、川には淵だとか早瀬だとか、事故が起こりやすいところはあるのです。ただ、そういうのが起きにくい場所というのもあって、遊びやすい場所というのは、昔の子どもたちは知っていた。豊口先生がさっき川でおぼれそうだったけれども、実はおぼれなかったというのは、ちゃんとおぼれない場所を上級生が渡っていったからだと思うのです。だけど、ちゃんと笑って見ていられるだけの余裕が上級生にあった。というのは、そこの川を上級生が知っていたからだと思うのです。私たちは今、川のことをどこまで分かっているのか、私たちが川でプログラムをやるときは下見を当然します。でも、川は毎日流れているし、上流に雷雲が発生すれば、川には近づけません。そういったことを昔の人は経験値で知っていたわけです。何となく行かないのは、ちゃんと理由があったのです。

今、私たちが環境教育でプログラムをやるときは、そういったことをマニュアルにします。何でかというと、経験値が昔ほどないからです。ですから、どういう場面が危険であって、どういう場面のときにはどういうことに気を付けましょうというものを、今はマニュアルとして作成するわけです。それは安全の管理をするためです。昔の人たちはそれが感性というか、当たり前のように分かっていたわけです。それは、毎日川を見て、空を見て生活をしていたからだと思うのです。その時代と今が変わってしまった、変わってしまったからこそ教育の方法というのも変わってしまっているのだと思うのです。ですから、私たちは昔のように川に行きたいのだけれども、その前に変わってしまったものがあるから、変えなくてはいけないやり方というのもあるのだろうと思っています。ただ、そこの変わった部分を理解していけば、昔のように川で遊べると思うのです。川遊びというのは一つのきっかけだと思うのです。川遊びですべてが変わるとは思いませんが、川という自然に触れることによって、この川の水はどこからきたのだろうということを考えることもできます。この冬はたくさんの雪で皆さんも難儀なこともたくさんあると思います。先日私は雪を見ていて、ポール・ギャリコの小説、「ひとひらの雪」を思い出しました。スノーフレークのお話です。ひとひらの雪が降ってきて、川に流れて海に行って、そしてまた海で蒸発して昇天して雲になってという流れのお話があるのです。もし川遊びをして、そういう一片の雪の生涯を感じられる感性を持つことができたら、きっとその感性は地球環境を変えるのではないかと思います。

豊口　感性というのは新しい言葉です。昔はあまり使わなかった。かつての通産省が情報社会から高度情報社会に変わってきて、次は感性社会だと言ったことがありました。そこで感性という言葉が英語にあるかと思って調べたら、ないのです。不思議な言葉だと思って私も困ったのですが、要するに豊かな情念がどうのこうのと言うのだけれども、感性というのは美しいものを見たときに、素直に美しいと思える気持ちを持っていることが感性なのです。汚いものを見たときに、これは汚いと素直に自分自身が受け止めて、その汚いというものをきれいにする次の行動に出るというのが感性豊かな人間なのです。教養と同じように、小さいころから育ってきた人生の歴史の中に感性というのが育まれてくる。青虫を割り箸でつまんで突っ込むと、これは単に青虫を殺すということだけですけれども、それがモンシロチョウに変わって飛んでいったときにきれいだなと、こんなに美しい蝶になるのだと。やがてその蝶が死んで地べたに落ちていると、蝶々というのはこんなに早く死んじゃうのだなと。春になってオタマジャクシを池に見に行ったら、グジュグジュの卵があるのです。それがやがてオタマジャクシになって、手足が生えてしっぽがなくなって、陸に上がってカエルになっていく。オタマジャクシはカエルになるのだというのが分かる。例えば水の中からヤゴが出てくる。ガンダムみたいなすごいのが出てきます。まさかあれがトンボになるとは思わないで見ていると、背中が割れてトンボになって飛んでいった、すばらしい生命の誕生を見る。小学校の時に理科で習うのですけれども、蝉《せみ》が七年間地中にいて地上では一週間しか生きていないといわれて、飛んでいって、やがてポタッと落ちてくる。そういう状態を毎年目の当たりにしながら命の美しさとか尊さとか、生きることの素晴らしさを経験しながら豊かになっていくのが感性なのです。だから、本当に美しいものを見たときには、本当に美しいなと感動して、その中に自分自身がひたることができる、これが感性なのです。本当に美しいものを理解できる人間というのは、毎年毎年の自然の営みの中から自分自身のものに関する情念をつかみだすことができること、これが感性なのです。

さっき申し上げたように、私は東京の子どもたちを見ていて、感性という言葉をいくら学校で教えても身に付かないと思うのです。競争社会であって、すべて数字で理解していく。1＋1は2だという数字で、こうやれば儲かるのだということだけで人生を送っていくような子どもたちが育っている状況を見ていると、日本の社会での感性というのは既に失われていると思ったのです。繰り返しますけれども、新潟に十二年前に来て、信濃川の土手に立ったときに、こんなすばらしい世界が日本にあったのだ、ここだったら、世界に貢献できる人間が育つ。造形大学というデザインの専門大学をなぜ長岡につくることになったのか、これは市長が決めたことでもないし、日本の政府が決めたことでもない。将来の地球を考えて神がここにつくれと言ったのだ、天命だと思ったのです。ここなら、そういう人間が教育できる。本当に感性豊かな、何が一番美しいかということが理解できる人材育成ができるのだと、私は信濃川の土手で自信を持ったのです。デザインの専門大学、これは世界で長岡にしかありません。世界でただ一つです。この大学のカリキュラムの基本は何かと考えたときに、そのベースに持っていったのが自然科学と社会科学と人文科学。この三つの重なり合ったところに、実はデザインというものが存在する。これはデザインの哲学です。それは人間学というものと重なるわけです。それらとどういうかかわり合いを持ってデザインの軸をつくっていくか、具体的な大学院での教育のカリキュラムを考えた。そのキーワードになる学問は何か。一つは人間行動学。人間がある現象を見たときに、その人間がどういう心理状態になって次の行動に出るか、これを研究しよう。それから環境情報学。地球には無数に近い生命体が存在している。その生命体が共存共栄していく状況の中で、どういう情報交換が必要なのか。例えば火山が爆発する、川が氾濫《はんらん》する。地球の今までの歴史の中でいろいろな現象が起こった、その情報をどう伝えるか。これを学問的体系づくりをして構築しないと、将来の都市計画やまちづくりはできないだろう。もう一つは造形材料学です。人類が作ってきた道具、これは土であり、鉄であり、銅であり、木である。そういう自然素材を自分たちの力で具体的な形に置き換えて、それを使って、それはまた自然に返る。要するにものを作る材料とはいったい何なのかという原点に返って造形材料学をやる必要があるだろうということで、この三つの学問を大学院の柱にしてカリキュラムを組んだのです。

ところが、この三つの学問をやっている研究者は一人もいなかった。まだいないのです。だけど将来、そういう人間をこの大学からスタートさせたいということをベースにして、カリキュラムを六年制の大学として下へ下ろしてきたのです。大学院修士課程で研究する内容を中心にして、学部までカリキュラムを下ろしてきたのです。従来の一般教養科目は入らない、百二十四単位。入らないということは、今までの一般教養科目は要らないだろうと。全部外して文部省に出そうと言ったら、〝学長〟絶対通りません。そんな無謀なことをして文部省が許可するわけがない、設置基準はこうなっています。それは下からカリキュラムを積み上げたからそうなるのだろう。将来六年制の大学としてのあり方を考えたときに、上からカリキュラムを下ろしてきたら一般教養は入らなかった。入らなければ要らないのだと、判断をして出したら通ったのです。ですから、今の長岡造形大学には、従来の大学の一般教養科目はないのです。ただし、専門家としての教養科目は多く入っている。なぜそうしたかというと、さっき申し上げたように、将来の地球環境を踏まえた国際人を育てるためには、絶対にここしかないのだという信念、これは天命です。神が与えてくれたのだという使命感で今やっています。私は信濃川のほとりで、初めて二十一世紀から次の世紀にわたって広く人間の感性教育ができるだろうと思っているわけです。夢ですけれども。

「知ること」よりも「感じること」

河合　環境教育の世界では有名な「ザ・センス・オブ・ワンダー」という言葉があります。それは自然の不思議さに目を見張る感性という日本語訳になります。これはアメリカの女性海洋生物学者で、「沈黙の春」という本も書いたレイチェルカーソンさんの著作です。沈黙の春というのは、「サイレント・スプリング」という原題です。複合汚染、農薬の問題などを一九六〇年代に警告した本なのです。ある春、本来ならば鳥のさえずりで賑やかな春なのに沈黙の春が訪れたという、生態系が崩れていった描写の一節で始まる本を書いた女性が最晩年に書いたのが、この「ザ・センス・オブ・ワンダー」という本です。これって何て素晴らしいのだろう、すてきだなとか怖いなとか、そういった感性をどういうふうに私たちは育てていったらいいのだろう。それから、この環境が今ちょっとおかしいのではないかとか、何かちょっと居心地が悪いなとか。今、何でこんなに環境問題のことが話されるかというと、みんながそこに居心地の悪さを感じているからだと思うのです。雪が何でこんなにいっぱい降るのだろう、何で水害があんなになったのだろう、ここ二十年はなかった、何か変だ。今、環境問題がクローズアップされているベースのところに、そういうふうな気持ちがあると思うのです。その変だと思う感性がなくなってしまったときが、人類が危ないのではないかなと思います。

では、その感性を育てるためにはどうしたらいいのだろうということの、一つの示唆がこの本にはあります。それは子どもたちへのメッセージ、子どもを持つ親へのメッセージとして書かれているのです。「ザ・センス・オブ・ワンダー」というのは、子どもたちの何気ない発見から起こる。「子どもが自然の中で見つけた疑問に答えることなんて私はできません」と親も教育者も言う。でも、子どもたちと一緒に驚いてあげる、共感できる大人がそこに一人いるだけで、その子の感性は広がって育てられていくと彼女は言います。「知る」ことは、「感じる」ことの半分も重要ではないという言葉によって表現されています。私もよく子どもと一緒に散歩をしています。分からないことをたくさん聞かれます。「これは何、これは何」と。でも、「これはおもしろいね、すごいね」と一緒に感じてあげようと思っています。例えばタンポポ一つ見ただけでも、その花を一緒に見てあげることだけでいいのです。この花が西洋タンポポなのか日本タンポポなのか、関東タンポポなのか、そのことを知らなくても子どもの感性は育てられるのです。子どもの感性を育てるためには、そこで「それはただの西洋タンポポよ、外来種ね」と言うのではなくて、一緒にしゃがみ込んであげる大人の行動こそが子どもの感性を広げるのだと思うのです。環境教育は誰でもできると思うのです。おじいちゃん、おばあちゃんでも、反対におじいちゃん、おばあちゃんだからこそできることなのではないかと思うのです。その子の目線に立って、一緒にその不思議さを味わって体験することで、それが学びになる。それで、その子がもしこのタンポポとこのタンポポは違うけれども、どう違うのだろうと思って図鑑で調べたことは、本当の学びになるのです。ですけれども、それは外来種の西洋タンポポよと言ってしまうことで、その子はもうタンポポを見ないで終わってしまうかもしれません。これは身近な例でしたが、そういうことというのは生活の中、いろいろな場面でたくさんあると思うのです。

環境教育の一番ベースになっているところは、周りにいる大人がいかに子どもの不思議さに目を見張る感性と付き合ってあげるかです。手間がかかります、特にこの忙しい現代においては。ですけれども、そこで付き合ってあげることによって、実は大人も学びがあると思うのです。おばあちゃんが子守をしていると元気になるというのがありますが、それは子どものエネルギーをもらっているからだと思うのです。このセンス・オブ・ワンダー、ワンダーのワンダー「Wonder」は不思議に思うということなのですけれども、ワンダーにフル「Full」たくさんという言葉をつけると、ワンダフル、「Wonder-Ful」、素晴らしいという意味になります。「不思議に思うことがたくさんある」と「素晴らしい」というのはおもしろいですよね。環境教育をやっていて、私もこれは何ですか、と分からないことを聞かれることがたくさんあるのです。分からないと指導者としてはまずいのではないかと思って、ぎくっとしたりいたします。学校の先生とか、そういう立場の方もそういうことがあると思います。私は不思議なことがたくさんある方がすばらしいのだろうなと考えるようにしています。地球上には分からないことがたくさんあるわけです。今、地球上で分かっている生き物というのは、地球上にいる生き物のうちの半分もいないのではないかといわれています。分からないことの方が本当は多いのに、分かったような気になっている。しかも、自分が調べて分かったのではなくて、本を見たり誰かが調べたから分かったような気になっているのです。分からないことの方がすごく多いのです。分からないから一緒に調べようね、と言ってあげられる感性、それから分からないことを見つけられて、すごいねと褒めてあげること、そういったことは自然環境の豊かな場所では日常的に行われます。

東京で子育てをしている友達に、子どもと一緒にタンポポを見て、こんなものを拾ったよと話をします。すると東京では、公園で落ちているものは拾ってはいけないというのです。それが誰かが食べたお弁当のカスだったり、もしかすると毒物だったりとか、そういったことの方が多いのです。新潟県内、中越地区で散歩していて、子どもが野の花を摘んだくらいだったら、多分あまり目くじらを立てないですよね。それを楽しむ余裕が新潟の自然にはある。そして、なおかつ新潟の人間にもそういう余裕がある、そういったところから教育が生まれる、そういった教育がなされる土地から新しい感性を持った人間が生まれ、新しい教育を行っていける、それが、やはり環境教育につながっていくと思うのです。

豊口　子どもと親との関係の中から環境教育というのが非常に具体的になるということを今示唆していただきました。

もう一つ、今、日本の教育の中で問題になってきているのが、試験に出るから覚えておけという教育なのです。これは小学校でも中学校でもそうです。高校もそうです。自分で考えてごらんという教育はしていないのです。だけど、神様が考えるという特権を人間にだけ与えてくれたのです。生きているものの中で考えることのできるのは人間だけなのです。その人間から考えるという要素を外すような教育を日本の社会でやっているとすれば、これは大変なことになるのです。だから、覚えておけというのは確かに必要かもしれないけれども、考えてごらん、考えろと。

またデザインの話に入りますけれども、デザインというのは考えるのです。人がやったことを真似して、そのとおりやったのではデザインにはならないのです。誰もやらないことを自分の力で構築していって提案するのがデザインなのです。企画・計画から具体的なものに入る、だから考えなくてはいけない。考える能力のない人間は、デザイナーにはなれないということになるわけです。地球環境というのは地域によって歴史的な観点も違うし、文化も違うのですけれども、そういう中でお互いに考える能力を持った人間同士が手をつなぎ合うことができれば、素晴らしい地球環境に対するプロジェクトが具体的になっていくだろうという気がするのです。

この間、名古屋で愛・地球博というのがありました。あれは基本テーマとして環境問題を取り上げています。第一種の万博でテーマを決めるということは、まずありえないことです。六か月やる第一種の万博というのはテーマがないのです。大阪で万博があったのは一九七〇年、昭和四十五年です。この時は日本の企業が、単独で十九社出展しています。それから一九八五年につくばで科学技術博覧会、これは第二種ですからテーマがあっていいのです。ここには日本の企業が二十一社参加しているのです。愛知県の地球博に日本の企業は何社参加していたでしょうか、二社です。トヨタと日立です。地球環境問題といいながら、なぜ日本の企業は二社しか参加しなかったか。このことは真剣になって考える必要があると思うのです。それは、基本的に環境問題を取り上げていながら、会場を造るときに地球の表面を全部削り取った、これがまず第一点です。あれだけの木を切って、地面を平らにして、従来どおりの仮設のパビリオンを造って来場者を導入した。これは新しい提案は、会場構成には何もない、全く過去の遺産としての万博会場を造ったにすぎないということに対してアンチの姿勢があって、企業が参加しなかったのではないかということがあります。私があそこで提案したのは、あそこの会場の地下に巨大な洞穴があるのです。たまたま私も大阪万博、つくば博も関係していましたので、今回もあるところから電話がかかってきて、豊口さん、愛知博どうですかと言うから、条件が一つあると。僕は、木を切らない、土は削らない、洞穴を使って新しい万博をやるのだったら参加すると答えたら、そんな非常識なことを考える人は要らないと、それっきり電話がかかってこなかった。このくらいの提案をすると意味があったかもしれない。これは、環境問題に対して本当の核心をついた博覧会ではなかったと、そういうずれがあったような気がするのです。しかも、バザールみたいに世界中のおみやげ屋さんが並んでいましたけれども、あれはバザール博であって、万国博覧会でないという気がするのです。過去に戻りますけれども、一九八五年に日本がやったつくばの科学技術博覧会、これこそが環境博であったのではないかという気がするのです。

なぜこんなことを申し上げるかと言いますと、あのつくば博のときに、九つのテーマがあったのです。一つはエネルギー問題です。今、地球上ではエネルギーがどんどん使われるようになった。それで、エネルギー問題というのは地球規模の問題だと。さらには原子力発電所が今はたくさん造られているけれども、これは決して安心・安全なエネルギーをつくるシステムではないということをあのとき、日本の政府が言っていたのです。もっと安心・安全なエネルギー源を私たち人類のためにつくろうではないかということで、太陽エネルギーの問題がそこで提案されていました。だから、あの会場全体の電気は太陽電池で集めて活用していました。

それからメディカルサイエンス、要するに医療の問題。地球にはまだ風土病が残っている、そういう風土病を地球規模で研究しようじゃないかという提案をしている。その風土病というのは、いったいどういう環境から出てくるのかということを地球上のあらゆる知恵を結集して、解明していこうという提案をしていたのです。

それからバイオテクノロジーの提案もしていました。二千個実がなったトマトが一本立っていました。別に二千個なったから珍しいのではなくて、聞いてみると、いろいろなことができる。遺伝子の配合だと。遺伝子の問題については地球規模で考えよう、特定のところが考えたのでは危険だということで、共通・共同のテーマとして考えていこうではないか。ヒトゲノムの解明がその後出たわけですけれども、そういうものを一社の人が力を持って牛耳ったのでは大変なことになる。それからコミュニケーション、情報通信の問題、いろいろなテーマが九つありました。

最後には地球・宇宙の問題で、実は宇宙探査衛星が七〇年代に打ち上げられて、十五年かかって八五年に太陽系の最後の指名を受けた星までいったのです。十数年かかっているのです。秒速四十キロです。秒速四十キロで十数年かかって最後の星までいって、情報を送ってきたのです。「私はどこか太陽系の星に生命が存在するだろうという期待を受けて調査に来ました。しかしついに発見できませんでした。地球の皆さん、生命が存在するのは地球だけです。この美しい地球を大切にしてください」と言って彼女は太陽系の外に飛んでいった、もう二度と帰ってこない。ガモフの理論でいくと二億五千年ぐらい後には帰ってくるかもしれませんけれども、そういって真っ暗な宇宙のかなたへ飛んでいった。そういうことをつくば科学技術博覧会では、世界に日本の国がメッセージとして送ったのです。カナダのジャーナリスト、私の友人ですけれども、あれは科学技術博覧会ではない、地球の将来を考えた、地球全体の環境を考えた、デザイン博だと思うということを手紙に書いてくれました。あの中のさまざまな提案は、素晴らしかったと思うのです。

環境問題については、日本は既に八五年に世界にメッセージを送っている。その中で集約されて残ったのがエネルギー問題と水の問題とコミュニケーションの問題、この三つが二十一世紀に一つの課題として放り投げられているわけです。エネルギーというと石油問題になるわけですけれども、もう一つ、水の問題が大きな課題として出されていたということが、あの博覧会の中にあるのです。私たちはもう一度、日本がやった博覧会を振り返って考えてみる必要があると思うのです。既に環境問題はボールが投げられていた。その後の世界の動きを見ると、よく分かるのです。

河合　環境問題というのは、暗いメッセージもたくさんあります。エネルギーのことについてもそうです。一番の地球環境の汚染は戦争だといわれています。暗いメッセージがあることは事実なのです。しかし、もう一つ違う見方をしてみると、私たちはこんなにまだ豊かで、自然に恵まれている。そしてその自然を生かす文化を、生活の中に取り入れて生きている世代の人たちがいるわけです。今ちょっと途切れてしまっている部分もありますけれども、その文化をまだ私たちは受け継げます。そういった自然の豊かさを享受して、私たちはずっと縄文以来、この信濃川流域で生きてきたわけです。その生きてきた文化という素晴らしいものを私たちは受け継いでいかなくてはいけない。厳しい現実はあるけれども、今ここで生きている私たちがいるというのはやはり素晴らしいことで、それを次につなげていくために前向きにいかなくてはいけない。その前向きに生きるためのエネルギーは何かといったら、この自然の美しさであり、子どもたちとのかかわりではないのかなと思うのです。少子化で一番の問題は、未来を考えるきっかけがなくなってしまうことだと思います。大人だけで世界をやっていこうとすると、現実的な問題しか考えられなくなってしまう。子どもたちの持つエネルギー、違う視点の未来を見ることによって、目の前にいるこの子たちに何かを残してあげたい、この子たちにも伝えてあげたいものがあることを思い出し、または考え、大人もエネルギーを得られる。

先ほど環境教育というのは持続可能な開発のための教育、持続可能な社会をつくるためだということを言いました。それというのは、義務感でやるというよりは自分が前向きに生きていくためのエネルギー、次の世界を考える素晴らしい、本当に楽しいことを自分たちの中で見つけていって取り入れて、それをより広げて次に伝えることだと思うのです。この教育は特別な人が特別なことをやることではないと思います。誰もが素晴らしいと思うものを身近なところで見つけて、自分の伝えたいと思う人、それがお子さんであってもいいし、お孫さんであってもいいし、地域の子どもたちであってもいい。目に見える人にそれを伝えていく。それから目に見える川、川が汚れていて気持ちが悪いと思ったら、あなたがごみを拾う。これはアースコンシャスだから拾うだけではないと思うのです。そこにない方がいいと思う気持ちが大切です。その気持ちが社会をも動かしていくのです。また雪の美しさも伝えていきたいものです。

今、雪の汚れの原因には大陸からの環境問題もあります。だったら海外から新潟の環境、信濃川へつながる問題を考えることもできます。難しいことは多いのですけれども、明るい方向で変えていくことでどんどんいろいろな人の輪が広がります。輪が広がることでどんどん新しい発想が生まれます。発想が広がることで新しい研究が広がり、研究が広がることで世界が変わるかもしれません。変わるか、変わらないか、今は分かりません。でも、今やらないと未来は変わらない。一歩一歩、一つ一つを大切にして、今あるものを生かして、今いる人に伝えていく、そんな活動をこれからもしていきたいと思います。

豊口　会場の方で何かご発言、ご質問がありましたらお願いしたいと思います。

会場　仕事柄、海外へ行ってまいりました。いろいろな方々と付き合ってみて思うのは、日本人は立派なことを言うけれども、閉鎖的なのです。日本列島、島国根性というか、昔も今も変わっていないのです。

理論的には立派なのです。環境問題、政治経済、立派なことを言っているのです。しかし、私は貧しい国の方々、あるいはそうでない方々と実際に自分の目で見ていろいろお話をした。日本人はおごりすぎるのではないかなと。この間の調査で中流階級の上だとか中だとか、まだ中流意識を持っている。一人の人間として日本人は頭がいいけれども、生活人として見たときに苦労を知らなすぎる。一気にバブルが頂点に達した。今、日本は経済が活性化した、豊かになっているというけれども、地域を見ると、とんでもないです。決して生活は豊かでない。人間として私は貧しいと思う。日本人ほどいいかげんな人種はいない。これは私の意見で、質問でも何でもないのです。

豊口　非常に核心をついたようなご意見をいただきました。確かに私たちは豊かであるという意識があると思います。日本は非常に閉鎖的だというお話がありましたけれども、日本人はあまりにも海外へ出ていっていない、交流が少ないのです。島国とおっしゃったけれども、そのとおりなのです。海外へ旅行する日本人は多いです。だけど、本当に交流をしてくる人間がどのくらいいるか。これは言葉の問題もありますけれども、単なる観光旅行で帰ってくる人が多すぎる。しかも、点的旅行です。これではお互いの文化交流ができない、このことは確かです。

それからもう一つは、今、河合さんもおっしゃったけれども、地球上でいろいろなトラブルが起こっている。アメリカというのは歴史の浅い国ですから、地球上の人類がつくってきた歴史はあまりよく分からないのです。だから、バグダッドというのは文明の発祥地ですが、ここを全部潰した。そういうふうに歴史が短い国が、人類がつくってきた歴史を潰していっている。歴史を持った人間たちは、先人に対して失礼のないようなことをしなければいけない。それは結果的には環境破壊につながってきているわけです。イラクのバグダッド。私たちが世界史を習うと、文明の発祥として必ず最初にあそこが出てくる。そういうものが人の手で姿を消している。文化・文明を含めた環境問題というのを考えていかなくてはいけないだろうと思います。日本の場合には、恵まれすぎた歴史があることは事実です。自然環境、緑が、木が、山が、日本列島の八十パーセント近くが森林で覆われているわけですから美しい。水もおいしい、世界で水道の水が飲める国というのは三か国ぐらいしかないわけです。その水のありがたさを日本人がどのくらい分かっているか。昔、私たちが海外に行くときには、ペットボトルなんかなかった。中国へ行っても、水が飲みたくても飲めない。そうすると、やかんで沸かして冷やして飲むのだけれども、本当に完全に沸いたお湯なのか、水なのか分からないから飲みにくい。てきめんにおなかをこわす。ヨーロッパへ行くと硬水ですから、やかんの底に二センチも三センチも石灰がたまっているわけです。沸かして飲まないと体に悪い。そういう状況の中で、日本は水には恵まれている。このこともおっしゃるように、考えなくてはいけない基本的なことです。

　また信濃川に戻るのですけれども、日本の水は軟水です。軟水でおいしいからお酒ができる。そういうことも日本人としては考えなくてはいけない。日本では水が飲めるというのは何なのか、どうしてなのかということを考えなければいけない。その中でも最もおいしい水が飲めるのは新潟県なのです。この地に雪が降らなくなったらどういうことになるかというと、水が飲めなくなるかもしれません。素晴らしい恵まれた環境の中でもう一度、恵まれない地球社会のすべての人々に対してどういうメッセージを送るのか、これが今後の環境問題の一番大きな鍵だろうと私は思います。

河合　私も一言。今おっしゃった、日本人だけではなくて、人間というものが地球の中でちょっと威張りすぎているというのはあると思うのです。人間だけで生きていけないわけです。微生物がいて水を濾過《ろか》するから、やっと信濃川に流れてきて、それを取水して飲料水として飲めるわけです。やはり人間独りではやっていけないのだと。人類自体が島国根性というわけではないですけれども、もう少しほかのところにも目を向ける余裕を持った生き物にならないといけないのではないかと、今、お話を聞いていて思いました。

会場　今、河合先生がおっしゃったとおりです。微生物というか、目に見えないもの、それが今壊されているわけです。私は小学校の教員を四十年近くしていました。定年退職して六、七年たつのですけれども、今、百姓をしています。一二ヘクタール足らずの田んぼを家内と耕していて、それすら潰されそうになっているのです。私はなにくそと大和魂ではないけれども、認定農業者にならなくてもいいから、先祖伝来の田んぼを耕してやっていく道を探ろうとして、今一生懸命努力しています。

けれども、私たち人類が自分たちの生活を破壊し、そして息苦しく生活しづらくなっていると私は思うのです。どうしてそうなったのかというと、例えば農業をとってみると、近代化とか機械化の名前において基盤整備をやり、全部欧米の真似をしてきた。田んぼを破壊して機械化をやって荒らしていって、米粒一粒をおろそかにする。そして、担い手がいないのだと言う。要するにどういうことを言いたいかというと、目に見えないものをおろそかにしたということです。心の問題も同じ、環境の問題も同じです。今、環境の原点は目に見えない微生物です。それをみんな化学薬品、肥料だのという。人間の環境、天候の問題、全部そこに起因すると私はみているのですが、いかがですか。

豊口　もし人間が電子顕微鏡ぐらいの目を持っていると景色が変わるのです。例えば土はバクテリアの固まりです。ということは、月夜の晩に庭を見ていると、地面は動いているのです。それを見られる人間がどのくらいいるか。これをコンクリートで蓋をする、アスファルトで蓋をするとバクテリアは死にますから、土は死んでいく。今いいご指摘をされたのですけれども、自然環境というのはバクテリアがあって初めて生きているわけです。目に見えない環境を構成している要素として、バクテリアの世界を私たちはもう一度確認しようではないか、それによって素晴らしい人間との関係、環境がうまくそこで整理される時代が来るだろうと思います。私たちの目に見えない世界をもう一度発見しよう、これは河合さんがおっしゃったように子どもの心もそうなのです。子どもの心が見えないから、家庭でおかしなことになる。お母さんの心が見えないからおかしくなる、心をお互いに見る、心が見えればそうはならないだろう。ですから、人間同士の心もそうだし、自然環境の中に人間の力ではどうしても見えない世界があるわけですから、それをもう一度みんなで見る努力をしてみましょう。

信濃川がつなぎ育てた地場産業

～信濃川の舟運を中心に～

郷土史家。昭和11年旧東頸城郡松之山町（現十日町市）生まれ。昭和34年より中学校の社会科教諭。昭和52年新潟県史調査員、昭和58年から同編集員。昭和61年から平成8年3月まで長岡市史編集員。平成6年より長岡市立栖吉中学校の校長。平成11年より3年間長岡市立中央図書館文書資料室室長、その後は郷土史家として活躍中。

本山幸一

motoyama●kouichi

本山幸一×阿達秀昭

信濃川の舟運の歴史

阿達　信濃川あるいは五十嵐川の舟運というのは過去どんな形であったのだろうかと、それが今どういうふうな形でつながっており、あるいはつながっていないのかというような点検、あるいは分析、現状把握ができればと思っています。

雪が解ければ川に流れていって、しばらくすると海に出るということで新潟と雪、あるいは雪と川・水というのは切っても切れない関係にあると思うのです。その恵みが農業だったり、あるいは地酒王国といわれるゆえんだと思うのですが、川そのもののかかわりからいくと、第一義的には川の中にある生物、魚介類を採取して食べる漁業というものがあり、副次的なものとして川の水を利用した中で産業振興、いわゆる稲作とか果樹栽培とか畑作とか、いろいろあると思います。実際のところ、私が住んでいる小須戸から三条へ来る途中でも豊かな水田が広がっていますし、果樹、園芸の産地も広がっています。そういった恵みも多々あるということでしょう。

舟運というと舟の運送と書きますが、なかなか昔みたいな格好で見られない、ほとんど姿を消しているような状況がうかがえるかと思います。私も川舟と言いますか、砂利舟と言いますか、近郷の体育大会というのが中学校のころにありまして、砂利舟で全校生徒が隣の会場まで行った記憶があります。今は当然のことながら砂利であり、砂でありという運搬に尽きる。それと、若干の観光船、それから警察とか海上保安庁の警備艇、私も乗ったことがあるのですけれども、新潟の河口付近にはごみの収集船といいますか、ごみを取る船もあります。そういうところでちらほら見られるぐらいで、かつての賑《にぎ》わいからすると、その舟運はどこへいったのだろうと、今私の中で若干の寂しさはあります。一部残っていた観光船、ライン下り、阿賀野川にもありますが、これも小千谷のライン下りを最後に消えました。かつて信濃川を中心に三十か所ほどあったといわれる渡しの舟も、昔は草水、長岡周辺の渡しの舟というのが有名でしたが、私は一回だけ川口町の牛ヶ島というところで、これは農耕用の渡し舟なのですけれども、乗ったことがあります。そんな細々とした舟運というか、舟に乗った経験があるだけですが、今日の三条とのかかわりの中で何かお役に立てるような話ができればなと思います。

舟運の始まり、起源というのは、だいたいいつごろだということになりましょうか。

本山　信濃川の川舟につきましてしいつごろからかということになると、なかなか古い書き物も残っていないのですけれども、十五世紀から十六世紀ごろの資料が断片的ですけれども、残っていまして、例えば現在南魚沼市になっていますが、塩沢町の雲洞庵《うんとうあん》にある資料によりますと、お寺さんが上杉氏から免船二艘、免はおそらく税を免除するということだと思いますが、そういう舟を二艘許されるというようなものが一番古い記録になります。それで、どうも税を免除するということは、当時は川に関所のようなものがあったのではないか、そして、その関所というのは物品税と言いますか、税を取って舟を通過させる、または怪しい者が乗っていないかどうかチェックするというようなものだったろうと思うのですけれども、そういうものがこの川の所々に設けられていた。ところが、免船というのは領主の許可がありますから、そういう物品税は納めなくてもよいわけです。そしてそういう収益がこのお寺の財政を助けるというようなことだったのではないかと思っています。それで、特に小千谷、蔵王堂、後の長岡になりますけれども、そういうところが川の関所だったのではないか。また、三条にもそういうものがあったのではないか。そうしたものが江戸時代になりますと、例えば番所のような形で少し変わった形になりますけれども、つながってきたのではないかと思っています。分かるのは、その辺からということだと思います。

阿達　そうすると、十五、六世紀の十五の方をとりますと、いわゆる徳川時代、江戸時代の全国統

本山　治される前、戦国時代とか室町まで遡《さかのぼ》るような格好になりますか。
やっぱりそういう時代にも川舟がきっとあったのだと思いますけれども、残念ながらその当時というのは戦乱が続きましたから、記録がなかなか残っていないということで、分かりにくいだけだと思います。

阿達　いわゆる丸木舟の類ですと、太古の昔から上り下りで使ったり、魚介類の採取に使ったりしたと思うのです。それが一つの産業的なものとして、あるいは運搬手段として大量に運べるような手段として、舟運としての発達を見せ始めていくきっかけというのは何かございますか。

本山　その辺はちょっと分かりません。ただ、魚野川の支流で破間川という川があります。その上流に入広瀬、守門などがありますけれども、その方面では丸木舟をハナカマズ舟という名前で生産しておりまして、これを魚野川の出口の四日町というところで売買するというようなことがあったようです。たった一回ですけれども、三条舟という言葉が出てきまして、これはハナカマズ舟よりも少し値段が安かったらしいのです。どういう舟かは分からないのですけれども、おそらく三条の地域の人たちから注文があった特製のちょっと小型の丸木舟で、そういったものが対岸へ農作業に行くとか、それから鮭を捕るとかというようなときに使われたのではないかと思われます。

阿達　信濃川も五十嵐川も暴れ川だと思うのですけれども、水を治めるものは国を治めるというような話が古くから言い伝えられていると思うのです。いわゆる舟運的なもの、川舟の通行をコントロールできるその時の武将なり、当時からすると上杉が出始めた頃なのでしょうか、そういう意味では川舟の通行についてもコントロールできると、その辺の地域の統治ができるというような話みたいなこともありますか。

本山　やっぱり越後全体を支配する人が出てこないと、信濃川の上流から下流まで川舟で下るということは難しかったと思います。そういう意味では上杉謙信とか景勝の時代になれば、わりと安全な運航ができたと思います。それから、江戸時代の初めにも高田藩の松平忠輝《ただてる》のころになりますと、越後全体を支配していますから、例えば六日町あたりの舟も新潟まで行くことができたと思います。小さな藩がたくさんできてきますと、なかなか難しくなってきまして、うまくいかなくなるようです。

「川港」のもたらしたにぎわい

阿達　当然、街道もだんだん近世に向かうに従って整備されてきます。十五、六世紀になると街道の方も整備される、川の方も使われていくという形で同時並行していく時代になりますよね。

本山　そうですね。

阿達　川舟の方が、いわゆる陸路を使うものより何らかのメリットがあるということが発展の引き金となっているのですか。

本山　それはやっぱり川舟の方がたくさんの荷物を積んで、安い運賃で運んでくれますし、特に下りですと、旅の人たちも一日でだいぶ下流まで来られるわけですから、そういう点では川舟というのは非常に利用されたと思います。

阿達　そうしますと、産業としても船大工というものも芽生えていくというか。

本山　中世のことはよく分かりませんけれども、江戸時代になると、各地で川舟がたくさんあったわけですから、当然、新しく造る、それから修理するというようなことで船大工の需要というのはあったと思います。しかし、川舟を造るとなると、だいぶ広い建物が必要だと思うのですけれども、例えば長岡の絵図を見ましても、そういうようなことを書いたものは見あたらないのです。いたことは間違いないと思います。

阿達　信濃川、阿賀野川という大河以外にも新潟県には支流がいっぱいありますが、舟がどのくらい上流まで行き来していたか地図か何かありますか。

本山　太い線が川舟の運航した場所になるわけですけれども、一番上の新潟が一番下流であるとすると、上流の方は魚野川経由で六日町まで、ただ、年貢米を運び出すときには塩沢の上十日町という村から六日町舟が中心になって運び出す。しかし、新潟港の方から運び上げた品物は六日町で降ろす、従って三条の金物もそうであったと思います。ただし、長岡までは三条の舟とか長岡の舟で積み、上るのですが、長岡では必ず魚沼の舟に積み替える。これは川の広さ、それから急流とゆったりした流れの違いというようなことがありますし、決まりもありまして、だいたい魚沼の舟が長岡から積んでいくと六日町で降ろして、そこからは背に担いでいくとか、馬を使うとかというようなことだったと思います。同じく信濃川の方は現在の十日町まで、十日町のすぐ上流に水沢という村がありましたので、その水沢までは荷物を揚げたらしいです。江戸時代の終わりごろの記録ですけれども、三条の金物も、紀州藩の御用達の金物の商人がおられたそうで、その人の荷物を水沢まで運び上げた。ところが、下りの荷物を長岡の商

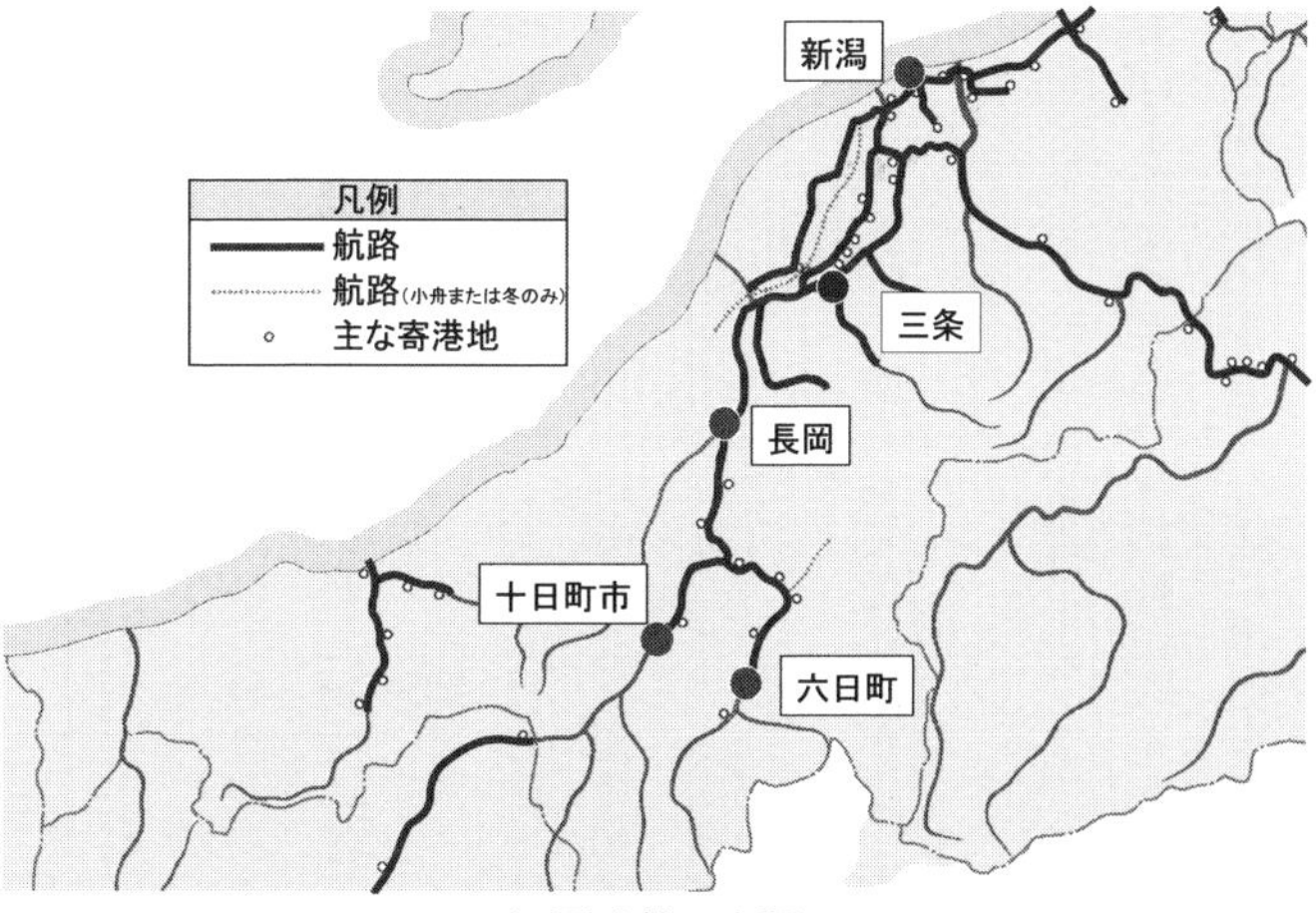

江戸時代の舟運

人に頼まれて積み、下ろうとしたところ、十日町で待ったをかけられた。これは十日町の方に権利があるということになったらしいのですが、そんなことで、だいたい十日町まで、六日町までということです。

そのほか支流としては、渋海川の方も今の小国谷の中流あたりまでは小国の方の舟がありましたし、五十嵐川の方ですと下田の舟、それから栃尾の方は、最初は栃尾の舟というのははっきりしないので、年貢米を運び出すときは魚沼の川口から舟を頼んでやっていたようですが、後には栃尾の舟が動くようになったようです。そのほか島崎川とか、ここでは三条は通りませんけれども、分水の方から西川沿いに新潟の方までと、上の方の太い線がそうだと思うのですけれども、中ノ口川も、東側の信濃川の本流も、下流の方は三筋とも川舟が通ったということになると思います。

阿達　その信濃川本流のところが、先ほどの水沢から県境付近、長野のあたりまで航路がないようですが、これは。

本山　これは随分激流といいますか、大きな岩もたくさんありましたので、川舟は上れなかったし、下れなかったらしいです。飯山のあたりから上流の方はまたなだらかで、川舟がちゃんと通っていたのです。ただし、信州の人たちにすると、何とか新潟とつなぎたいということで、宝暦年間という江戸時代の中ごろになりますけれども、そういう許可を得た人がいますけれども、実際にはどうも舟では運べなかったらしいです。それから、幕末にもまたそういう願いを出した信州の人たちがいまして、この場合は大規模な工事をして、とにかく川舟で全部つなぐというようなことをやったらしいのです。しかし、弘化年間でしょうか、善光寺地震という大きな地震がありまして、水路が今の津南町のあたりでやられてしまいました。そこが一番大変な場所だったのですけれども、これを復旧して再び川舟を通すというようなことで、苦労の跡が見えます。

阿達　昭和に入ってから一部国策等があって、結果的に東京電力、あるいは旧国鉄のダムがかなり県境付近に立地しますが、発電用の場所としてはいいけれども、舟の上り下りになると。

本山　舟運ということになると、ちょっと難しい場所ということになります。

阿達　そうしますと、信州は信州で舟運は完結と、越後は越後で、いわゆる県境付近までで終わりということになりますね。

本山　あとは、人の背中か馬で動いたと思います。荷物は三条の金物も、信州方面から名古屋方面に行くというものは随分これを利用したと思いますけれども、十日町から飯山あたりまでの間は陸送ということになったと思います。

阿達　最近、ダム発電所の付近もかなり魚道が整備されて長野の犀川、千曲川あたりも鮭が上っていくケースも見られるようですが、舟が行き来するという中では、古来あまり使い勝手のいい川でなかったということになりますね。

本山　随分長い川ですので、使い勝手が悪いというわけではないのですけれども、一部不能というだけだと思うので、非常に大事に使ってきたものだと思います。

阿達　魚野川の話も先ほど先生はしていらっしゃいますが、年貢米を中心に江戸に集積が図られるようになってくると、魚野川の利用の仕方もかなり変わってきます。魚野川の終点と関東の水域というのは、どういう格好でこれから結ばれていくのでしょうか。

本山　山を越えていくわけですから大変なのですけれども、例えば六日町から新潟まで年貢米を運び下げて、新潟から海を下関経由で江戸まで行くというのは大変な時間がかかり、米もだめになってしまう部分が多いわけです。ですから、六日町から最短距離で、清水峠を越えて利根川の方へ出られればいいわけです。だいたい今の前橋のあたりになるのでしょうか、あの辺まで行くと大きな船で江戸まで運び出せますから、そういうことを幕府でも考えたでしょうし、町人の中でも考えた人もあるようです。江戸時代の初めごろに一回、年貢米をそういう形で運ぼうという計画がありましたけれども、そこから外れた宿場の人たちの非常に強い反対がありまして、うまくいかなかったようです。

また、元禄年間に魚沼の年貢米一万俵を実際に三国を越えて運んだことがありますけれども、今度は運賃がかかりすぎて、それから時期的にちょうど冬に差し掛かるというようなことで、うまくいかなかったみたいです。

あと、幕末にも何回か黒船が来たときに、海上の危険を避けるためとか、早く江戸へ米を届けるためというようなことで、清水峠を越えて運ぶ計画は何回かあったらしいのですけれども、そういった宿駅の反対などもあり、非常に費用はかかるのです。幕府としてはお金がないという事情もありまして実現はしなかった。しかし、計画は何回かあったようです。

阿達　船の種類とか、時代によって、あるいは人力とか動力によって違うのでしょうが、近世の中で新潟の河口からそれぞれの地点までの時間はどのくらいかかったものでしょうか。

本山　上り舟は三条あたりまでですと、帆をかければだいぶ進んできたと思うのですけれども、上流の方に行くに従って川の流れが強すぎてだめだったでしょう。そうすると、船子の人たちが川舟の帆柱に綱をつけて、岸辺とか浅瀬のあたりで大勢で曳《ひ》いて上り、船頭さんだけが船に残って操縦をするというようなことだったようです。六日町までは直接行かず、必ず長岡で積み替えがあったわけですが、やっぱり新潟から長岡まで来るにしても、おそらく三日や四日はかかったのではないかと思いますし、長岡から六日町までとなりますと一層急流になりますので、四、五日から一週間ぐらいかかったかもしれない。その辺はよく分からないです。下りはだいたい六日町を客船でしたら朝六時にスタートすると、長岡には午後四時ごろには着く。そして長岡で夕飯を食べて夜、船に乗りますと、朝には新潟に着いているというわけですけれども、上りは大変時間がかかったようです。

それから大水、大風というようなことになりますと、臨時に停泊する場所を変えたり、途中の川港へ停泊したりというようなこともあったでしょうから、正確な運航は難しかったと思います。

阿達　随分風には弱かったのでしょうか。

本山　帆掛け船を使ったのですから、そういうことはなかったと思うのですが、やっぱり突風ということもあります。よく調べて動いたとは思うのですけれども、結構船が遭難するということがありましたので、やっぱり大変だったのだろうと思います。

阿達　海の船よりは川舟の方の難船率は低いのだというようなお話をされていたような気がするのですが。

本山　実際はどうか分かりませんが、幕府ではそういうふうに考えていた。海の船というのは難破するし、被害も大変だけれども、川というのは心配だったら川岸に着ければいいし、荷物の量も少ないのだからというようなことではないかと思うのです。難船事故に対してお金を出すというようなことは考えていなかったらしいです。

阿達　水が多すぎる、いわゆる洪水時期もそう怖くはなかったというようなお話もされていましたが。

本山　結局、そういうときは泊まるのです。どこでも泊まれるわけですから、川の合流する場所や、非常に激しい流れのところはだめでしょうけれども、そうでなければ、どこでも泊まってしまうということだと思います。

阿達　今お話になった気象条件の中にも、いわゆる渇水期、あるいは冬場、かなり気温が下がったとき、どんなふうな運航状況だったのでしょうか。

本山　三条の資料でも、大雪のために船が途絶えているというような記録があるそうですから、やはり大雪のときはさっき申し上げましたように、どこかのちょうどいい場所に舟を泊めて、そこでじっと我慢していたのではないでしょうか。ただ、お客さんが乗っているような場合は、お客さんは船の中で我慢というわけにはいかないので、例えば三条あたりが一つのポイントになると思うのですけれども、そう

明治から大正にかけ運航した川蒸気船

いうところで宿に泊まっていただく。そして、船乗りたちは自分たちの船の中で待つというようなことでなかったのでしょうか。

阿達　時代的にはかなり現代に近くなってきますが、川の船としては残っている写真があまりないものですから、一つ皆さんにお見せします。安進丸でしょうか、これは動力的には、昔の和船と違う進んだ技術的なものがありますね。

本山　西洋から入ってきた蒸気機関を使って、これではちょっと立派すぎてよく分からないのですけれども、木の車輪のようなものをつけて、それを回して走るというものだったらしいです。煙突がついて石炭が燃えていて、中が客室になって雨が降っても心配ないようになっている。三島億二郎という人が乗った記録がいろいろ書いてあるのですが、例えば明治十二年十月に新潟へ出かけるときは、七時半に長岡を出発しています。長岡でも渡里町というところが船のお客を扱う場所なのですが、おそらくそこから小舟で蔵王まで出て、蔵王にこういう大きな汽船がいるものですから、それに乗り換える。「蔵王以北両岸の村々遠近交互に霜葉最も愛すべし。西山また紅おび寝食いわんかたなし。ふなばたにありて風光弁ずる半日、よって酒を温め飯を食し、歓談あるいは眠りあるいは吟ず、興味の濃さを覚える」などと言っていますから、誠にのんびりして、夕方までじっくりとお酒を飲みながら楽しんでいたのだろうと思います。しかし、渇水期というのがありまして、渇水期にはちょうど三条近辺が一番大変だったらしくて、

阿達　この辺まで来ると船が動かなくなる。そうすると、上陸して歩いて新潟に向かう人もありますし、一晩三条の宿屋に泊まって、それからまた次の日の行動を考えるというようなこともあったかと思います。こういう川蒸気が走るようになって、事故もたくさん起きたらしく、特に和船との衝突事故が結構あったので、お互いが注意し合うようにという命令もよく出たらしいです。手前は舟ではなくて、川岸なのでしょうか。

本山　乗っているのは舟っぽいですけれども。

和船みたいな気もしますけれども、材木なんかを積んでいるような感じもあるのですが、実際はどうなのか。六日町のお宮さんに魚沼の方の舟の一番大きな櫂《かい》がぶら下がって奉納されていますが、これは三間あるそうですので、そうすると、三条近辺で使う舟はもっと大型でしょうから、三間以上の随分大きな櫂を使っていたと思いますし、そういうものと比べてみると、随分大きな舟だったのだろうと思います。

阿達　小須戸町史の中ではあまり舟が大きすぎて、小須戸橋はかなり古かったと思うのですけれども、邪魔になったといいますか、随分ひんしゅくを買ったような時代もあったみたいですけれども、かなり規制もあったかもしれません。

私は地元なので簡単に説明しますと、いわゆる会津とか新発田から山越え、あるいは裾野《すその》を通って小須戸に来て、白根とか巻、弥彦の方につながる大事な渡しの場所でもあったのですが、一方で新潟から大野、酒屋、小須戸、三条、長岡の方を結ぶ川港の大事な要衝の地だったと聞きました。三条もそういった面では新潟県内の中央部、要衝の地だったと思います。

今、三条の港というのは実際にないわけですが、信濃川沿川の中では、どういう場所がどういうふうな形で港としての役割を果たしていったのかということを、三条に入る前の導入部としてちょっとお話をお願いできますか。

本山　三条は五十嵐川と信濃川の合流地点ということで、かつては三条城もあったという場所ですから、川が合流するという非常に重要な場所にあった。しかも下流の方には低湿地が広がっていまして、江戸時代の初めごろから新田開発がどんどん進んでいく。そういう中でそういった新田地帯で必要な物資、人間を供給していくというようなことでも重要な場所になっていったと思います。また、江戸時代も終わりごろになってきますと、川舟を使っていろいろな文化人が訪れてくるようになる。それから、もう一つは三条市史にも仏都という言葉が出ていますが、仏の都ということで本成寺などの大きなお寺がありまして、非常に広い範囲からお参りに大勢の人がやってくる。文化人もたくさん集まってくるし、一般の信仰の厚い人たちも集まるしということで、さらに新田地帯に向けて金物を生産し、そういったものを流通させていく商人が大きく伸びていく。川の合流地点に位置している、しかも平野の中心にあるというようなことが重要な役割を果たして、素晴らしい三条の町というものが発展してきたのだと思います。

阿達　三条だけではなくて港、あるいは港を通る舟についての管理で長岡が大きな役割を担った。そのころの殿様を含めて、かなりの保護政策の中で長岡を中心とした舟運が栄える大きなきっかけになったということだそうですけれども、長岡の果たした役割をちょっとお願いできますか。

本山　実は長岡が何でも取り仕切っていたような考え方があるみたいですが、どうもそうではない。やっぱり長岡の特権は長岡領内だけではないかと思います。そうしますと、信濃川沿いには新潟までほとんど長岡領がないわけです。見附でしたら村松領とか、三条に行きますと高崎藩とか村上藩、新発田藩もあるでしょうか、そういう藩領が川の両岸に並んでいる。そういうところを長岡の舟が通るわけですから、長岡の舟は権利を持っているわけではない。ただ、長岡では権利がある。では、どんな権利かというと、一番大きいのが、先ほど申し上げましたように魚沼の舟と下流の舟の荷物、人の積み替えといいますか、乗り換え、そういう権利です。そういう舟継ぎの特権を持っていたということが、何といっても一番大きいと思うのです。長岡河岸が舟継ぎの特権を持っていたというのですが、長岡河岸とはどこなのかといいますと、実はそういうものはないわけです。実際にあるのは、この絵で見ていただきますと、例えば渡里町をずっと下ってきた柿川とぶつかったところに印が付いていますけれども、それを絵図の方でみると、一番左端の広い部分が荷揚げ場といわれていますし、また、蔵王神社の六月の祭礼に出す神馬、神様のための馬が水垢離《みずごり》をとる場所でもありましたのでお馬河戸《こうど》といいました。それから橋がありますけれども、この橋を渡って西の方へ行きますと大工町の方になります。現在ですと、この橋をずっと遡って東の方に行きますと、長岡駅の方へ行く大手通りに至るという道筋になります。この大工町に行く橋の周りが上田河戸といいます。次が渡里町河戸。その次が西福寺河戸です。西福寺というのは、長岡船道では一番船道にかかわるお寺さんということで力のあるお寺だったそうですけれども、この向こう側がずっと商人町ですから、こういう町の商人とのかかわりで、こういったたくさんの河戸がありまして、こういう河戸全

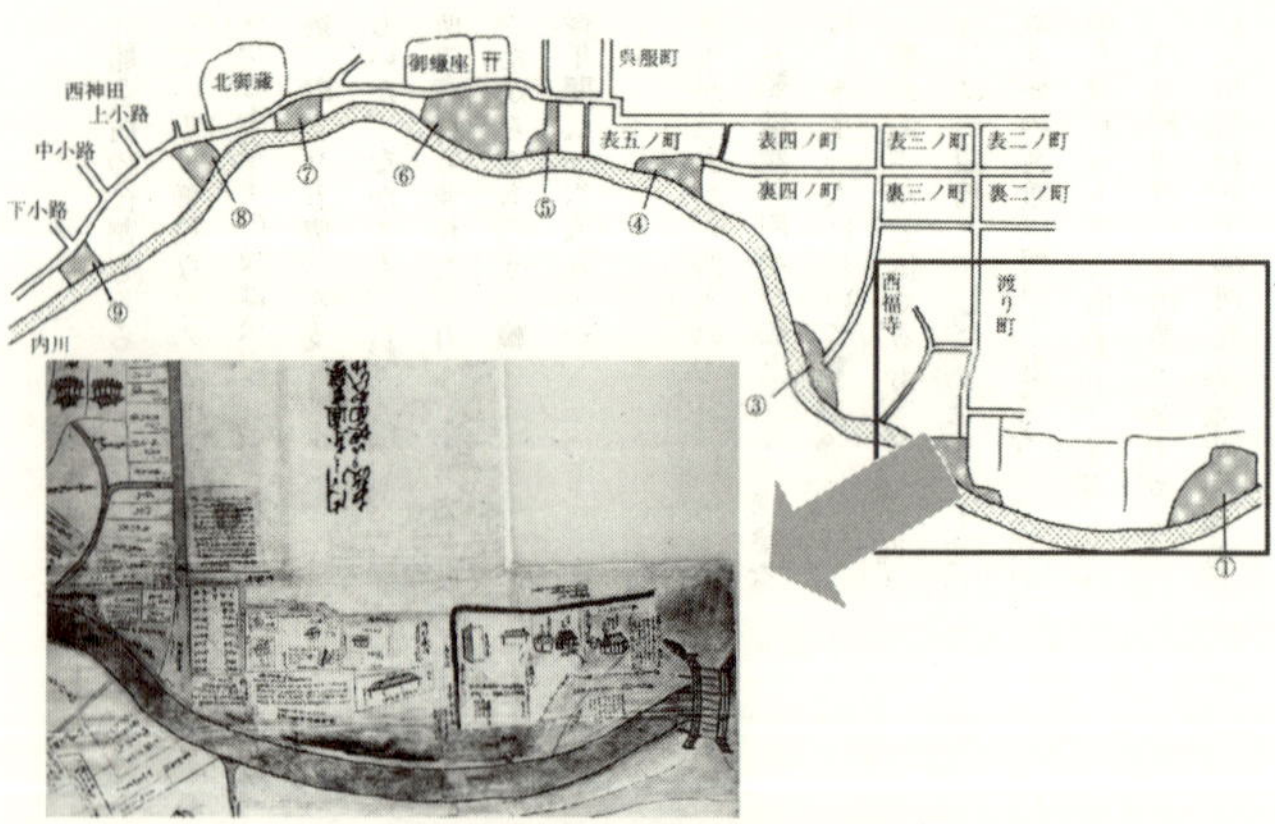

内川右岸の河渡の絵図と略図

寛政12年「内川付近および大川東通絵図」から作成「長岡市史」

部を合わせて長岡河岸ということになります。

　これは三条の場合も同じことが言えるわけです。三条河岸といってもそういう場所はないわけでして、五の町とか、具体的な河戸がたくさん集まっているまとまりを三条河岸というように言ったのではないかと思います。

　これですとよく分からないのですけれども、特に渡里町河戸が昔はちょうど信濃川の渡し舟があった場所ということで渡里町という名前になったそうですけれども、ここには最初、信濃川が入ってきていたものですから、重要な長岡を代表する港でした。例えば殿様が江戸から参勤交代で戻ってくるような場合、六日町から船に乗ってきますけれども、渡里町河戸で下りると、下りたところに目黒さんという大きな問屋さんの屋敷がありまして、そこで必ず休憩をして、お城の方に向かっていくという、今で言う長岡駅の方向へ向かっていったわけです。そんなわけで、渡里町河戸というところには番所がありました。ただ、河戸には必ず船が着岸できるようになっていたと思うのですけれども、きちんとした港の施設があるというのでなくて、なだらかな勾配の川端ですので、そのなだらかなところで船を泊めるような仕掛けになっていたのではないか。そして、そういった船を全部まとめて、船を持っている人たちを船持ちといったわけです。例えば問屋さんが船持ちではないかと思われますけれども、はっきりしたことは分かりません。そういう船持ちさんたちが船を持っていまして、この船はだいたい大きな船ですから、藩のためにも役立つということで、これを道入《どうにゅう》船《ぶね》といったそうでして、長岡船道という組織をつくって、船持ちの人たちが船の運航についていろいろと指図をしていたようです。

阿達　近世の徳川時代三百年の中で、川を中心とした市場づくりとか、まちづくりが進んでいくわけです。今お話になった中で、人間が商取引をやったり、それこそ農作物を売買するという格好の中で市場ができてきます。いわゆる六斎市的なものができていくわけですけれども、こちらに書いてあるとおり、三条だと二七になりまして、市場の賑わいというのは川にもたらされたものという。

本山　川でみんな運んできたと思います。

阿達　川から離れたところにはあまり市ができていないでしょうか。

本山　わりと川沿いが多いようです。例えば巻も西川のそばだったわけでしょうし、川沿いが多かったと思います。

定期市

> **二七の六斎市で日用品の相場が動く、市日の町内・店出しを決める**
>
> **近在の市**
>
> **森町（七月十日）、燕（三八）、**
> **地蔵堂（四九）、嘉茂（四九）、白根（四九）、**
> **小須戸（三八）、新飯田（一五）など**

阿達　当然、人が出入りすれば、そこはまた宿場町になったりしていくと料亭ができ、芸者さんたちが出入りすると、もっと栄えていく、町がどんどん大きくなっていくという格好になるわけですか。

本山　そうですね。芸者さんもおられましたし、旅籠《はたご》には飯盛り女といわれるような、飢饉の中で暮らしに困って身売りをせざるを得なかったような女性も結構おられたようです。さっき申し上げました旅の人たちもたくさん集まってきますので、非常に賑わったと思います。また、やくざという人たちも、そういうところで共存していたのではないかと思われます。

阿達　三条の二・七の市というのは、三条で唯一の市でしょうか。

本山　三条市史ですと、二・七ですから月に六回ありますので、場所を変えて何日はどこでやるとか、どこの市では主としてどういうものを扱うか、例えば金物は何日のどこの市というようなことがあったらしいです。

阿達　小須戸は小さい町なので人口一万人ぐらいしかいないのですが、三・八という市のほかに五・十の市というのがあるのです。何でそうなったかというと、小須戸というのは舟運で栄えた川港として発達した町なのですが、今もう一つ市があるというのは、旧矢代田村の矢代田の市が五・十の市というのです。これは信越線が通っている山手の方なのです。分裂してしまったのです。商店街もそうなのですが、舟運で栄えた小須戸というかつての栄華、それが大きな原因なのかなというのは私の推測するところなのです。はっきりと町史には書いていないのですが、多分にそうだろうということです。

三条の金物産業と舟運

阿達　引き続いて三条の産業の話、いわゆる金物の町という話題に移ります。平成十六年の7・13水害から一歩一歩復興されて三条の方はたくましいなと思っています。昔も五十嵐川と三条の合流点ですから、今以上に治水的なものができていなかったですから、しょっちゅう洪水、あるいは始終湿地帯といいますか、溢れた水の対策で大変だったと思うのです。信濃川と中ノ口川沿いの下流地域一帯も大変だったと聞いていますし、実際、昔から分水ができるまでという話もありますけれども、分水ができてからもこういう状況があります。湿地帯の中で稲作すらできない、「鳥またぎ米」といわれたくらい、まずかった。そんな中で三条が、少しずつ変わってきます。いわゆる今につながる金物という形のまちづくりだと思うのですが、それは本をただせばそういった洪水の常襲地帯、土地に恵まれない三条という形の中からもうかがえるのでしょうか。

本山　やっぱり洪水があるということでなかなか農業がうまくいきませんから、内職といいますか、農閑期の仕事として釘を造るというようなこともあったと思いますし、一方で新田開発がどんどん進む中で需要があったのではないか。例えば用水路を造るにしても、そういうところに水門を設ける、そうすると、たくさんの鉄製品といいますか、かすがいとか釘といったようなものが必要になるわけですし、そういうものの補充だって必要でしょうから、災害で苦しんだためにという内職もあるでしょうが、一方でまた平野部の人たちの需要があったということもいえるのではないかと思います。

阿達　金物の町は県内にいくつかあります。包丁だとか鋏《はさみ》だとか、あるいは鎌だとか、上流には与板もありますし、下流には月潟もありますけれども、決して第一次産業的に恵まれなかった地域が知恵を出した結果興った産業と。

本山　そういう面があるのではないかと思っています。それと、やっぱり後半ではそういう職人たちを支える問屋さんとか商店、それから行商に全国に出かけていくたくましい三条の人

三条の風俗図絵　明治の商家　『北越商工便覧』より

たちというものが、一緒になって栄えてきたものだと思います。これは明治の図だそうですけれども、江戸時代の後半から金物の商人として盛んに関東地方にも出ていった新保屋さんというのでしょうか、田中甚八さんというお店だそうですけれども。こういう人たちは幕末には江戸へ運ぶ金物の荷物を、六日町まで川舟で届け、そこからは自分で責任を持って三国を越えて出かけたわけです。そんな関係で、例えば田中さんのご先祖の方も三国の昔の宿場の宿帳といったらいいでしょうか、そういう中に得意先名簿といったようなものが残っているのですが、その中に出てきます。三俣の池田家とか綿貫さんとか、そういうところに資料が残っておりますので、それを調べると分かります。

また、三条金物につきましては、私と同期の宗村彰夫さんが大変よく調べておられたと思いますけれども、こういった問屋さんをやったり、自分でも行商に出たりというような、ただ家にこもって問屋をやっていればいいということではなくて、金物以外でも、例えば下田郷の鉱産物、鉛などを買い取って江戸に運ぶというようなこともあったようですし、非常に流動的な物産を広い地域まで自分で運んでいった、そういう人たちが明治になって大きなお店を開いているのだと思います。

阿達　発達する素地として育てた裏方が前渡し金を渡すとか、品質管理についてはかなり厳しくやられたとか、間違いなく買うから造ってくれと、篤志家といいますか、金儲けをするための人でしょうか、そういったバックアップもかなりあったように思います。今お話のあった問屋さんの話、買い付けに来る方の話も含めて、川べりに位置するとそれだけ出入りが自由だと、どこからも来られるし、どこからでも出ていけるというメリットはありますか。

本山 それはあると思います。江戸時代の終わりごろになると、問屋さんが職人たちにお金を貸してあげて、そして製品を造ってもらって集めるというような形で、職人と問屋が資金を通して結びつきを深めていく。その中心になる問屋さんが三条にはあった。職人ということになると、例えば燕とか三条だけではなく、周辺のいろいろな地域におられたと思うのですけれども、そういったもののとりまとめ役のような問屋さんが三条でしっかりと育っているということだったと思います。

阿達 今ほど造った製品を売買するにあたってのお話をされましたが、原材料の方も、先ほど下田の話もされましたけれども、直接森町なら森町、鹿峠《かとうげ》から外に出すだけではなくて、三条の方に原材料を運んできたりして便利が極めていいとか、あるいは新潟の河口付近からものを上げてくるにしても、三条という場所が川のそばにあるから極めて便利だったということはありますか。

本山 原料の鉄をどのようにして手に入れたかを書いた記録があまりないようですので、よく分からないのですけれども、江戸時代の初めごろに、内職のような形で釘を造っていたころには、くず鉄といいますか、使えなくなった日常の用具の鉄をもう一回再利用するといったようなことだったわけです。後半になってきますと、例えば出雲の鉄といったものが新潟に入ってきます。川舟で持ってきたと思うのですが、どういう人が持ってきたのかというようなことになるとよく分かりませんし、原料を扱う問屋さんと、製品を扱う問屋さんが違ったのかとか、その辺になりますと、名称から判断するのが難しいものですから、よくは分かりませんけれども、おそらく同じ人たちがやっていたのではないかという気もするのですけれど。

阿達　わりと三条は別院があったりして寺町の印象が強いのですが、産業的なものからいえば当然金物なのですけれども、船着き場中心、鍛冶町も船着き場とか船が行き来するあたりに栄えたというような記録もあるように思うのです。つまるところ港町、宿場町というような発展の仕方も、三条としては相乗効果的にはあるのでしょうか。金物の町、いわゆる寺社町という形だけではなくて、大きくなっていくにあたって川を利用した中でさまざまな宿場的なものとか、産業的なものも加味していったと。

本山　やっぱり川港があったからこそということがいえると思いますし、もしなかったら発展しにくかったかもしれないと思いますので、やっぱり川港というのは物資の面でも、人が集まってくるという面でも非常に重要だったと思います。

阿達　ちなみに私もここへ来る直前に調べたのですけれども、三条のライバル的なもので当時から言われている兵庫の三木は、加古川沿いに位置していると思うのです。それから岐阜の関、これも長良川の支流だと思うのです。それから福井の武生、これも日野川沿いにあると、もう一つはドイツのゾーリンゲン、これもライン川の本流ではないみたいですが、支流に立地している。別に金物と川をこじつけでくっつけているわけではないのですけれども、一つの要素としては川というのも大事なのかなと、あるいは港というのも大事なのかなという気がするのですけれども。

本山　それはそうだと思います。例えば、燕も金物の町として育ってきたと思いますし、与板、脇野町、与板は黒川がちょうど信濃川の出口のあたりになると思いますし、脇野町は黒川が流れています。あまり大きな川ですと、なかなか船着き場を造るのも大変なのですけれども、例えば与板ですと、大きな商人が自分の家の港といいますか、全部で十か所ぐらいの河戸が出ていますので、中に

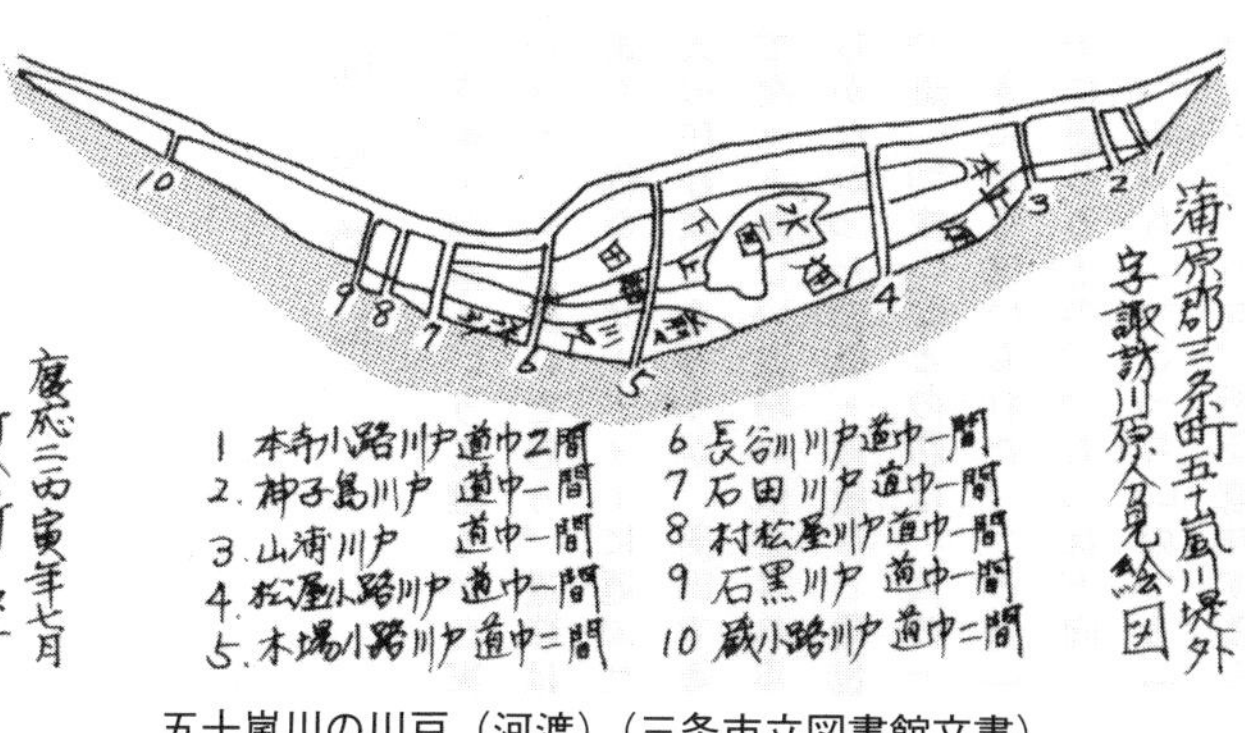

五十嵐川の川戸（河渡）（三条市立図書館文書）

は例えば八番の村松屋河戸というのがありますから、お店屋さんが持っている港といいますか、そういうものもあったと思うのですけれども、いずれにしても川沿いというものが非常に重要だったと思います。

船の種類には、ひらた船と胴高船がありました。どういう船かと言われても、図がないものですから分からないのですけれども、三条の場合、ひらた船が一番大きい船です。この辺がだいたい大船の方だと思うのです。これはちょっと大きすぎるくらいの船で、というのは、これが四斗俵にしますとちょうど二百俵になりますから、この辺が一番大きい船で、それが四つ。あと、六十石というと百五十俵ぐらいになるのでしょうか。こんなふうに見ますと、わりと大きな船になりますけれども、この辺までが年貢米とか三田米《さんでんまい》（※）を運べる船だったと思います。同じことがこちらもいえるわけです。ただ、このひらた船というのは新潟港に多い船なのです。下流の船ですから非常に積載量が多い。それに対して胴高船というのは、長岡とか魚沼の船も胴高船と言ったらしいのですが、どちらかというと急流というか、ちょっと

寛政７（1795）年ごろの記録（三条町続明細書）

	95石積	80石	70石	60石	50石	30石	20石	計
ひらた船	2	4	2	1	8			17
胴高船		2 (内 六催通1)	2 (内 六催通1)	3 (内 六催通3)		1	渡し1	8

流れの激しいところでも対応できるような船ですから、積載量が少なくなる。それから、これは何と読むのか分からないのですけれども、こういう字（六催通）が書いてあるのです。三条市史を読んでも説明がないみたいですし、これは後でどなたかから教えていただけることがあればありがたいと思いますが、六斎市に通う船ということで、そういったようなものは免許というものがあって、燕とか白根の六斎市に行く船はこれだというようなことになっていたのかなと思ったりします。これはなぜか全部胴高船であるということで。ちょうど三条というのは長岡と新潟の中間ですから、ひらた船と胴高船と両方ある。そして大きい船がだいたい二百俵積み、それよりもちょっと大きいのもあるけれども、百五十から二百俵積みぐらいの船を大船と言って、これが一番重要な働きをしていたのではないか。小船を加えれば随分たくさんの船があったと思うのですけれども、ここでは主な船ということで、一例として挙げさせていただきました。

阿達　こうした賑わいがいつの間にか、舟運の衰退という格好になる。三条市の方は鉄道、車のスピード化あるいは大量輸送という中でさらに発展を遂げて現在に至っていると思うのですけれども、一方、それまで大きなバックアップ、糧としてきた川の方が交通機能的なものを果たしていかなくなります。これはどういう理由から、いつごろ兆候が見え始めたのでしょうか。

本山　やっぱり一般にいわれているのは、汽車が走るようになったこと、それから国道も含めた陸上の道路がよくなってきたこと、それから自動車が増えてきたこと、そういうようなことが川舟よりはいいと。特に川舟の場合は自然の大風とか大変なときになれば臨時にストップしなければいけない。そうすると、予定している荷物が会社に届かないとか、配達先に届かないとか、いつ来るのだろうかというようなことになるわけですが、陸上というのはその点、比較的スムーズに動く。そういう意味ではスピードといいますか、早く物が着くというようなことがありますし、そのほかにも例えば夜間、船というのはなかなか大変だったらしいので、そういう点でも陸上の汽車、自動車の方が夜間でも走りやすいというようなこともあったかもしれません。それから、川舟では事故が多いというようなことも問題だったでしょうし、汽車や自動車がなかった時代にはそんなことは問題にもしなかったと思うのですけれども、便利さを追求する中でだんだん廃れていったのではないかと。ただ、急にというのではなくて、中には例えば昭和十六年ごろに長岡では三笠屋さんというお店屋さんが船頭をやって新潟までやってきているのです。ですから、急にみんななくなったというのではないのですが、だんだん減っていく。川蒸気はわりと早めになくなったと思うのですけれども、そういうふうにいつなくなったかと言われると、ちょっと分かりにくいのですけれども。

阿達　同時に舟運に携わっていた方々、例えば船大工さんとか船を動かす船頭さんとか、これも消えてきたわけですよね。

本山　老齢化ということがあると思うのです。若い人たちは新しいものに入っていきたい、それに対して今まで頑張ってきたのだからということで、最後まで年をとってもやられたような方がだんだん辞めていかれるというような、そういう中でなくなっていっているのではないかという気がします。

舟運の魅力と可能性

阿達　私もそれこそ毎日会社に行くときには信濃川の右岸を通って通勤しているわけですけれども、今、見かける船というと砂利船か、砂を積んだ船ぐらいです。ふるさと村というのが会社の隣にあるのですけれども、ふるさと村には変わった船が時々来るのですが、新潟の市街地、萬代橋周辺とふるさと村を結ぶウォーターシャトルの発着場所もあります。私もつい川を毎日見ているものですから、できれば水陸両用の車、あるいは船みたいなのがあると、信号もないし、凍結も関係ないし、すぐに会社まで行けるのだなと思ってはいるのです。車の便利さに慣れてしまうと、川面に対する気配りみたいなのができなかったり、川がそこにあるのですが、それを利用しようと思わないのですが、その辺、最近の川と人間の離れ具合といいますか、関心が若干川の方から離れているのかなと思うのですけれども、いかがお思いですか。

本山　その前に、さっきの三笠屋さんのお話なのですけれども、三笠屋さんの場合は非常に小回りの利く商いといいますか、頼まれれば自動車で取りに行ってきて、船に積み込んで、それも例えばはしけを使って自分の船まで持っていくとか、それから非常にスピードアップしていまして、プロペラ船だったらしいので一日で新潟から長岡まで来ちゃうのです。そういうような船が昭和になってくると出てくる。ですから、非常に小回りも利くし、重宝もされたと思うのですが、残念ながら例えば大水が出たり、渇水になったというようなことになると動きが取れない、そういう不便さがあった。それだけではなくて、やっぱり信濃川自体が、先ほど橋があると、なかなかその下を船が通るのが大変だというようなことがありましたけれども、用水の閘《こう》門《もん》があるとか、それから大事なことなのですけれども、川が両岸を護岸工事で固めていくとかいうようなことで、川舟が通過しにくい状況も出てくる。反対に言えば、川舟がそれだけいらなくなってきたということかもしれないのですけれども、そういう中で川舟が廃れていっているわけですから、これから川舟を考えるときに川舟の通過しやすさといいますか、人間が通るのにもいいような川になっていってくれたらと思ってはいるのですが、無理でしょうか。

阿達　それこそ、長岡まで行くということを考えると、関屋分水、大島の頭首工、それから大河津分水、それぞれ難所はあるのですが、それはクリアできるようになっているのですよね。そういう企画などもあるような、ないような話も聞いています。そういった形の船が上り下りするにあたって、機材としての船が往来するということではなくて、そこに物を積んだり人を乗せたりすることによって多分に舟運というのだろうと思うし、そこで初めてこういう場合は危険だとか、こういう場合は早く着けるとか、いろいろ人間は人間なりに考えると思うのです。そうしてこそ川舟というものに対する関心がまた高まるのかなと思うのです。途中になりましたけれども、新潟の市街地とふるさと村を結ぶウォーターシャトル、これは一九九八年、今から八年前に設立された会社ですけれども、約十キロ間を三十五分で結ぶのです。バス、タクシーで来るとお金も時間もかかります。快適で利用しやすい公共機関として市民生活の利便性を図るというのが会社設立の趣旨だそうですが、それだけではなくて水の都・水都新潟、柳都・新潟と言いますけれども、そのイメージアップ、観光資源としての活用、その上に新潟の水辺の景観の向上につながるというようなことも考えてつくられたようです。実際のところ、今残されている観光資源、この前、屋形船をやめられた料亭もありますが、ライン下りの話も少なくなってきている。モーターボート、その類のレジャー船が川岸に係留されている姿を見るぐらいで、ちょっと寂しいと思っています。

　ヨーロッパの方を見てみましたら、ドイツのライン下り、オーストリアのドナウ川、それからイギリスのテムズ川、フランスのセーヌ川、エジプトのナイル川、ブラジルのアマゾン川、調べたらこんなしかなかったのですが、東京の隅田川もあります。浅草と河口を結んでいる観光船みたいなのがありますけれども、基本的にアマゾン川みたいに、六千三百キロというとてつもない延長の川もあります。流域面積も多分川幅も広すぎて、信濃川、五十嵐川と比較にもならないのですが、セーヌ川にしてもテムズ川にしても、そう信濃川と延長では大差はないのです。大差があるのは何かと自分なりに思うと、川ないしは川辺の持っている要素かなと。簡単に言うと、景観あるいは古くからの教会にしても美術館にしても、いわゆる観光資源になる、世界的遺産に匹敵するぐらいのもの、特に川は若干違いますけれども、エジプトでいえば遺跡があります。それからアマゾン川にしても大自然があります。そういった周辺の街並みや大自然や貴重な遺産的なもの、それがないと川の往来というのは実現しにくいのかなと思うのですが、いかがでしょうか。

本山　二十五年ぐらい前になりますけれども、湯沢の「高半《たかはん》」の亡くなられた高橋半左衛門さんが書かれた本の中に、もう県会議員を辞められたころかもしれませんけれども、柳都・新潟の堀がみんななくなっていいのだろうかとか、かつての河渡《こうど》、河岸《かし》、そういったものを復元することができないものだろうかと。たくさん造るわけにはいかないでしょうが、例えば三条でも船を泊める場所がある、長岡でも船を泊める場所があるというようなことになったらいいなというようなことを言っておられます。私もそういう利用の仕方、物資の輸送というのは大変だと思うのですけれども、さしあたって定期的に人間が乗り込んで旅をする。そして、例えば三条ですと、三条の川辺に上陸させていただいて、五十嵐川との合流の地点の景観を楽しんだり、三条の伝統ある三条神楽を見せていただくとか。独特の季節限定の食べ物があるのでしたら、そういうものをその季節にいただくとかというようなことができて、ゆったりと旅ができたらどんなにすてきだろうと思っているのです。ただ、例えば江戸時代にも入広瀬の大白川新田に旭松《きょくしょう》という俳句を作る庄屋さんがいたのですが、彼が江戸時代の終わりごろに出羽三山の方にお参りに行くときに、蔵王から川舟に乗っています。彼が信濃川のこの辺でおそらく詠んだと思うのですけれども、「舟竿のしずく涼しき笠の上」という句を作っています。当然、櫂のしずくがひっきりなしにはね上がるわけでしょうから、そういったものが笠に飛び散ってくるのかもしれません。ちょうど暑い時期、六月の梅雨明けのころではないかと思うのですが。また、「涼風や寝心やすき下り舟」という歌も作っております。こういうようなかつてののんびりした、非常にゆったりした気持ちが持てるような船旅ができれば、どんなに素晴らしいだろうという気がしています。

阿達　そうですね。今の話はもちろんなのですが、皮肉にも7・13水害のときに船があちこちで重要な役割を果たしていたような気がします。めったに見ない光景が三条の中であったなと。それはちゃかしているわけでも何でもないのですけれども、いわゆる災害時の代替機能として船のあり方、位置づけを考えることも大事かなということと、トラック輸送の弊害だとか、車関係の弊害的なものが出ています。大気汚染とか騒音防止、地球温暖化など環境面でも今の状況は必ずしもよくないのだろうと思っています。一方で油も、それこそアメリカの大統領ではありませんが、あまりにも依存しすぎていいのかどうか、そろそろ考えなければいけないのかなという気がしています。

だからといってすぐ舟運に返ろうという話にはならないでしょうけれども、一つのヒントとして何か考えてもいいような気がしているのですが。

本山　あまりにも今の時代は忙しすぎるといいますか、そして、夜になっても寝なくてもいいような時代と言いますか。私どもが子どものころから考えると、想像もつかない激しい変化の時代になってしまっていますけれども、例えば原材料一つをとってみましても、製品一つをとってみましても、そんなに輸送を急がなくてもいいじゃないかというものもあるのではないかと思いますので、そういった環境問題を考えたときに、やはりもう一度考えて、物資の輸送にも大いに大河・信濃川は利用できるのではないかと思います。

阿達　そうですね。川とか川辺に関心を持つことが、本当の街づくりにつながっていくのかなという一方で、私もラフティングといいますか、川をゴムボートで下ったことがありますが、内側から見るというのは土手から見るのと全然感覚が違います。土手が高すぎて外が見えないこともあるのですが、最初に私がお話ししたとおり川の方に向いている街づくり、家並み、街並みもそうなのですけれども、そんなことが大事なのかなと。それが、ひいては川に環境的な異変、川の中に魚がいないじゃないかとか、コケが生えていないじゃないかとか、あるいは水が少ないじゃないか、瀬や淀《よど》みが何かおかしいという警告を川の中で、あるいは川の中から見れば何か察することもできるのではないかなという気がします。川を遠くから見ても、なかなか川の中の異変について気がつかないと思います。それが、いわゆる信濃川、あるいは今回の三条という意味では五十嵐川につながりますけれども、川自身、ひいては私たちの生活につながるわけです。当然のことながら水道を引いているのもあります。それを利用してさまざまな産業なども興っています。もう一回、大崎あたりで泳いでみたいなという気持ちもあるのですが、そういったものが復活するならば、川の存在そのものが昔に戻って、簡単に戻れるかどうか分かりませんが、そういうことのチェックにつながっていけるのではないか。それが今二十一世紀に生きている人間の川に対する、あるいは自然に対する監視役としての役割を果たせる大きなものなのかなと個人的には思っています。

本山　やっぱり高橋半左衛門さんが二十五年前に言ったようなことが、例えば新潟では柳都の復活というようなことで、非常に真剣に川辺からものを考えるというようなことが起こってきているると思います。これから考えていかなければいけないこと、今までがあまりにも忙しすぎたわけですし、それはそれでよかったわけですけれども、これから川辺というものを真剣に考えていかなければいけないと思っています。

阿達　私も三条に対する愛着があります。一新橋の木造がなくなって寂しい思いがありますけれども、多分凧合戦はなくならないのだろうなと。川がなくなったり土手がなくなったり、あるいは河川敷がなくなると揚げるところがなくなるし、周辺をいろいろ考えると、凧合戦ができるような、三条の六角凧が揚げられるような状況がしばらく続けば川も三条も安泰なのかなと、勝手な思いで締めくくらせていただきます。

※地主自身が売る米のこと

越後平野の水の思想

～越後平野を守る大河津分水～

信濃川大河津資料館長（平成18年3月 退任）。昭和8年上越市（直江津）生まれ。新潟大学教育学部（歴史専攻）卒。公立、国立中学校、新潟県立教育センター勤務。平成5年新潟市立木戸中学校長で定年退職を迎え、その後新潟県立歴史博物館、信濃川大河津資料館の展示設計に従事。平成13年から信濃川大河津資料館館長。平成14年新潟大学人文学部講師「地域入門」担当。講演活動や講師を務める。著書「大河津分水双書第一巻から五巻（今後十巻まで刊行予定）」。共著に「後世への遺産」「新潟県の百年と民衆」「信濃川下流紀行」「新潟県風土記」「図説新潟県の歴史」等

五百川清

iokawa●kiyoshi

五百川清×阿達秀昭

暴れ川がもたらした水害の歴史

阿達　新潟県は瑞穂国《みずほのくに》といわれています。豊かな水量を誇る信濃川は、母なる川といわれています。時に狂乱の母に化ける信濃川をいわゆる優しい母に変えたのは、大河津分水ということになるでしょう。一方で、水の国という言われ方もしています。昔から洪水に見舞われたり、川や湖、潟や沼が多いことから、いわゆる大蛇信仰とかカッパ、龍神といった水がらみの伝説や昔話の宝庫でもあります。大河津分水は東洋一のプロジェクトといわれているくらいで、人工の川が自由奔放の川をある面ではコントロールし得たという形で、高い評価をされているということは、皆様ご存じのとおりです。人類が川と共存したり川のそばに住み始めたりすると、荒れている川では怖いということで、おのずと制限される。その歴史の中で人類と川は苦闘の歩みを続けています。

このターニングポイントといわれているのは、今ほど話している大河津分水ができた八十四年前、そして七十五年前といわれています。前者の八十四年前というのは、いわゆる初めて大河津分水が通水したとき、七十五年前というのは、いったんできたのですけれども、自在堰《ぜき》が陥没したことで改修工事に入り、それができたのが七十五年前ということです。五百川さんは、地元の方々のお話を聞いている中で地方に伝わる時代の区分を、いわゆる大河津分水ができる前とできてからという区分けに惹《ひ》かれるそうです。大河津分水の一番の生き字引と言いますか、詳しい五百川さんから今日、治水に対する先人の努力と英知を学ぶ一方で、今後、洪水や災害に対する備えを学んでいただけたら幸いかと思っております。

私も今日、こちらの会場に来る前、中ノ口川を久しぶりに通ったのですけれども、雪解け時期のわりには水が少なかったです。ご存じの方もおられるかもしれませんけれども、洪水の時期には手で川の水をすくえるくらいまで、堤防ギリギリまで水が押し寄せたこともあると聞いております。特に大河津分水から蒲原平野に入るところは、昔から人と水の闘いの歴史を繰返してきました。大河津分水のところに立ちますと、かなりゴーゴーという音がしていますが、ここ下流の燕市街地に来ると、極めて穏やかな水の量になりますし、どのくらい大河津分水の負うところが大きいかというのが想像できるかと思うのです。水の国という話をしましたけれども、越後の国が昔から洪水、暴れ川があちこちにあるというか、湖沼などがいっぱいあるわけですけれども、なぜ新潟県の土地が洪水などに見舞われるケースが多かったのか、その辺からお話をお願いできますか。

五百川　最初に大河津分水は初めてという人もいるだろうということで、とにかく十キロ、最も信濃川と日本海に接するところを掘った人工の川だと、その位置をまず見ていただきたいと思います。

日本海側に百メートルを超える弥彦山から続く山並みが立ちはだかっていまして、そこを切り開いて、ご覧の通り人工の川が造られました。右下の方に流れているのが、小さな形ですけれども、信濃川の本流でございます。

なぜ洪水被害というものが起きてきたのか。洪水というのはご承知のように、随分昔から自然現象としてあるわけでございます。越後といいましても、かつて上越地方の方が中下越の越後平野よりも、はるかに石高、豊かな生産を上げていたわけです。そして江戸時代の半ばすぎ

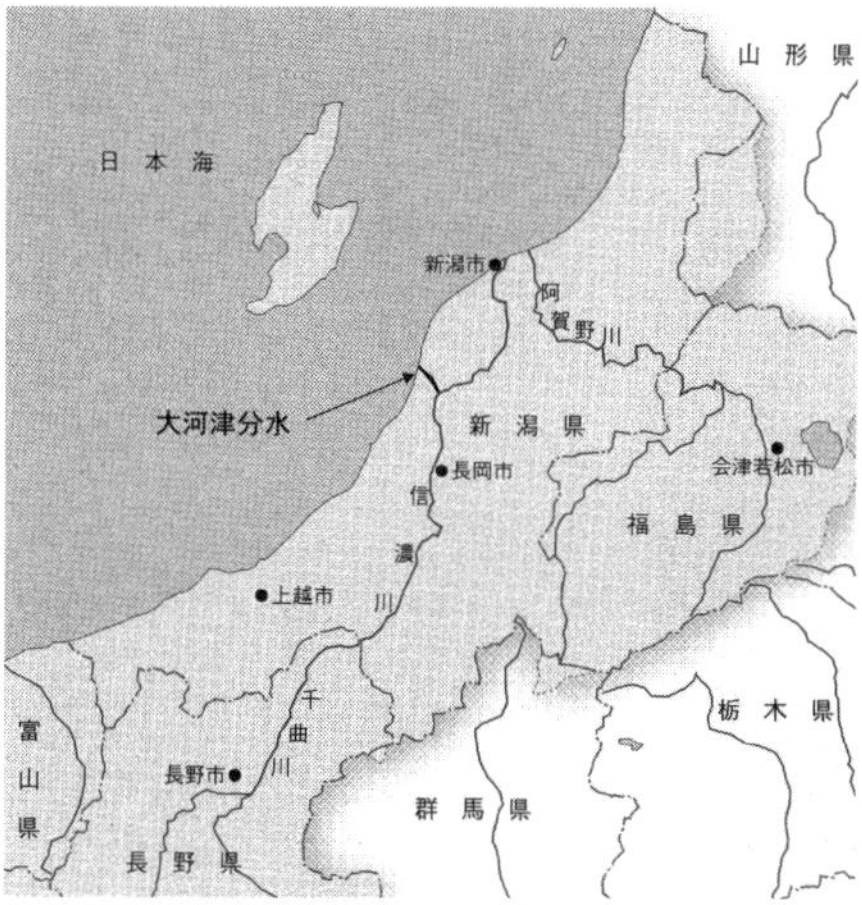

大河津分水　位置図

の新田開発以降、蒲原郡・越後平野の石高が急増します。そういう一つの開発の進展というものが、今まで開発されずにいわゆる潟と呼ばれていた遊水池が新田に変わっていく、そういうことから遊水池がなくなる、洪水がやってくる、その洪水が水害を引き起こしていくというふうに見ていただきたいと思います。

そして、民間治水論者に言わせると、高い堤防を造れば造るほど水害が大きくなると。堤防甲冑《かっちゅう》論と言いまして、片一方、鉾《ほこ》側を強くすると甲冑が強くなる、甲冑が強くなるとまた鉾を強くするという堤防甲冑論です。今の三倍近く高い堤防が造られて、これで洪水を防ぐという考え方をとったわけです。

ところが、その洪水は抑えることができませんで、破堤して浸水した水が一面に低い土地にたまる、下にどろんこ

「横田切れ」絵巻
南蒲原郡中条村大字大沼新田　罹災者之現状

横田切れ21日後のようす
（現在の新潟市北場）

の病原菌がいっぱい、いわゆる「病地獄」といわれる越後平野独特の水害がそこに出現するわけです。

また、湛水《たんすい》した天井に入り口を造って、まさに自助、共助、公助という形で避難小屋を自分たちの力で造り、助け合ったということです。

そして、これはそれを写真で写したものです。新潟市の今の郊外ですけれども、まさに裸ではだしの子どもたちの姿が写っています。今の開発途上国などでよく見られる光景ですが、こうした惨憺《さんたん》たる姿が横田切れ二十一日後の様子としても撮影されているわけです。

そして、これも水害の延長上にあるわけです。ただし、気を付けていただきたいのは、稲刈りですが、稲刈りは排水機を地主さんたちは止めますので、そうすると自然に水かさが増します。そういう状況での写真ですけれども、まさに湛水田ということが水害の延長上に越後の米作りとして存在したわけです。

そして、ここには潟が姿を消していく経過と、それからそれに対応して分水、放水路、隧道《ずいどう》などが造られていく、そういう姿がここに出ております。

湿田に漬かっての農作業

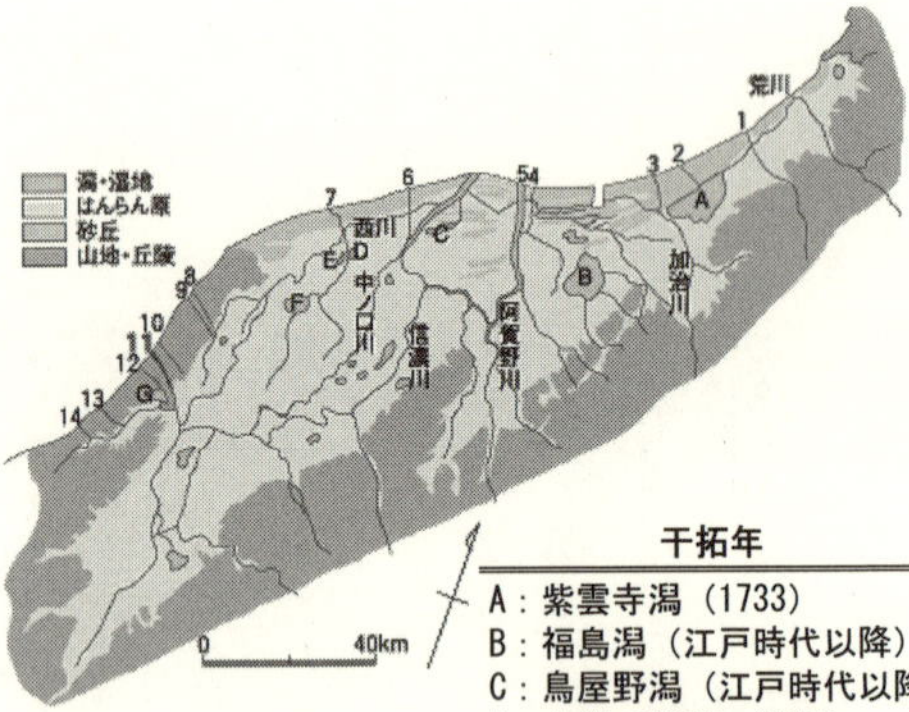

干拓年

A：紫雲寺潟（1733）
B：福島潟（江戸時代以降）
C：鳥屋野潟（江戸時代以降）
D：大潟（1820～1950）
E：田潟（1820～1950）
F：鎧潟（1820～1966）
G：円上寺潟（1883）

分水路通水年

1：胎内川放水路（1888）
2：落堀川（1733）
3：加治川放水路（1913）
4：新井郷川放水路（1934）
5：松ヶ崎放水路（阿賀野川）（1731）
6：関屋分水（1972）
7：新川放水路（1820）
8：樋曽山隧道（1939）
9：新樋曽山隧道（1968）
10：国上隧道（1991）
11：大河津分水（1922）
12：円上寺隧道（1920）
13：郷本川（1873）
14：落水川（1920）

越後平野の潟と放水路

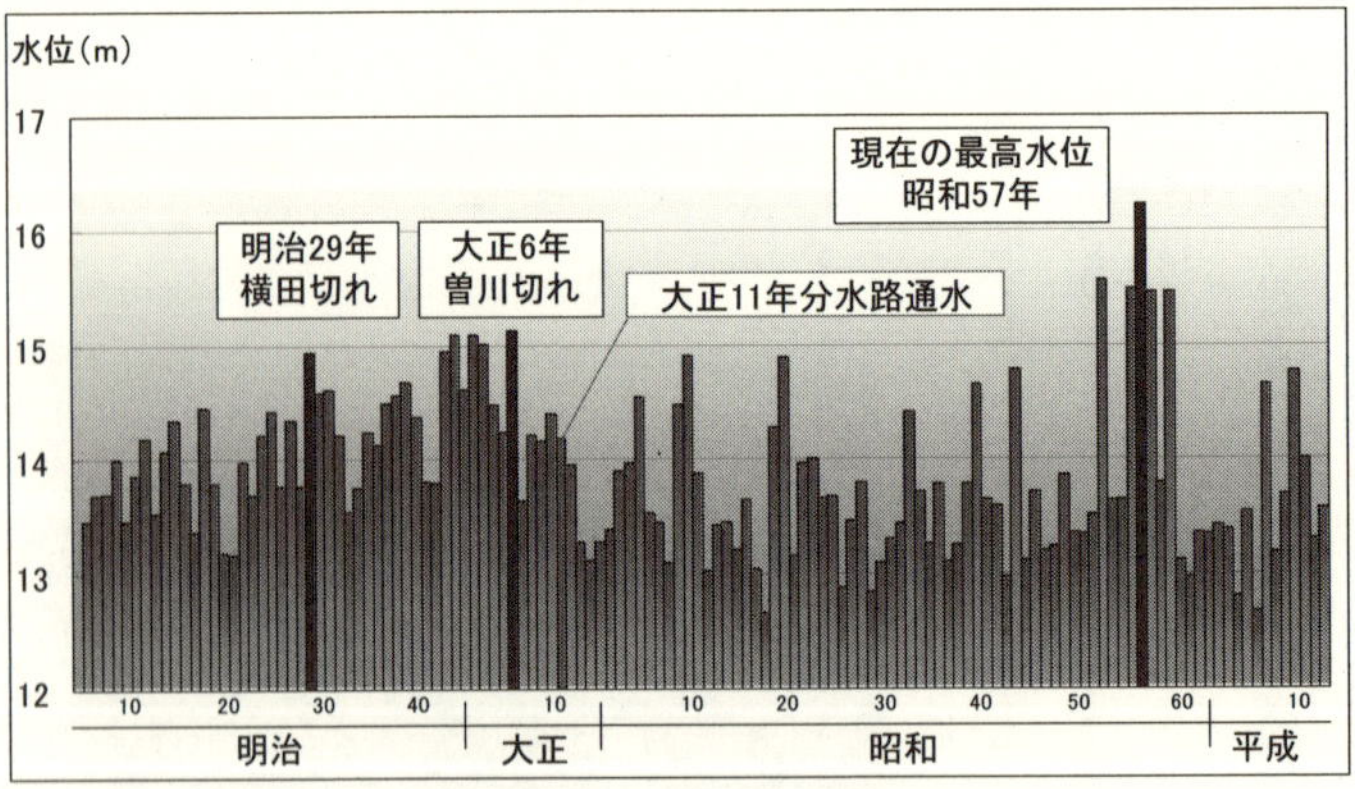

大河津地点の年間最大水位の記録

そして、今も洪水警報が出ますように洪水が繰り返し、かつての横田切れの洪水を上回る洪水も実は起きているわけです。にもかかわらず、大河津分水ができた後、そうした洪水が大きな水害をもたらさなくなったということを、ここで見ていただければと思います。

大河津分水ができてからも、ギリギリのせめぎ合いといいますか、溢れるところを守る、あるいは若干漏れているのだけれども、それでもしのぐという形がある。この話は新しく洗堰《あらいぜき》ができたり、新可動堰が今動き始めていますけれども、そのくだりで若干触れますので、後に回したいと思います。

阿達

新潟県の洪水の歴史というのは川が大きいだけ影響もかなり大きかったのだろうという気がしています。燕の和釘の生産、三条もそうでしょうけれども、生活維持のために始めたという話もあります。中ノ口川の下の方には月潟があったり、あるいは白根がありますが、凧合戦だったり角兵衛獅子なども洪水の歴史の中で生まれた一つの産業だったり、今で言うと、行事だったりするという話も聞いたりしています。先ほど分水のエネルギーの話をしましたけれども、確かにあの水しぶきを上げた分水路のエネルギーが洪水に形を変えたときは、多分ものすごいのだろうなと思います。また、洪水の氾濫《はんらん》する被害のほかに、いわゆる「こもり水」による被害の方がむしろ悲惨だったのだと、それこそ女性の方々にとっては大変なこともあったという話も聞いています。身売り話もあったように聞いていますけれども、排水できなかったときの悲惨な状況もご紹介いただければありがたいのですが。

五百川　新潟日報の方で『流出の系譜』という本を出した。あそこに出ていますが、例えば富山平野の急流のように、一過性でさっと過ぎていくのと違いまして、とにかく「こもり水」ということで湛水するわけです。その結果、まず一番は収穫がゼロになるということです。一週間だいたい水に浸かりますと、もうだめです。一年間収入がゼロになるわけです。今度は砂に埋もれた田んぼを立て直すことができない。従ってどうするか、外に行かなければならない。西蒲原でよく言われるのが「北海道落ち」という言葉で、そういう場合には北海道まで出なければいけない。だから、子どもたちは学校に行けない、川沿いの学校はほぼ半分ぐらい子どもたちがいなくなる、こういう状況になるわけです。いよいよ稼がなければならないときは、これは昭和の初めごろまで続いていたのでしょう、娘さんたちが自分の身を売って、そして親を助ける。ただ、この身売りについては、決してこれを越後の父親たち、母親たちが非情な形でやったととらえないでください。身売りということは、日本中で当たり前に行われていた時代であるということのほかに、実は越後の国が他国から褒められているのは、「間引き」をしないということです。間引きというのはご承知のように、子どもを産むとすぐ踏み殺すのです。江戸時代の記録、井上慶隆《いのうえけいりゅう》先生が「良寛」という素晴らしい本を出されました。この本にも書いてありますが、越後の国は間引きがない、とにかく幼い子を食いぶち減らしで殺すということをしない。そこに目をつけたのが、松平定信の白河藩です。浄土真宗の教えで殺傷を禁ずる、そういう越後の人は赤ちゃんを殺さないということで、定信は白河藩に越後の人たちをたくさん移住させるわけです。白河を興したのは越後の人だというのは、そこから生まれるのです。そういうことをも踏まえた上で、身売りという話はご理解いただきたいと思います。〈『分水町史（通史編）』参照〉

阿達　横田切れの被害に遭った横田の野崎慶二さんという方に百歳のころにお会いしたことがあります。五歳の時に横田切れを体験して、お会いしたときはほとんど寝たきりでお話も実際にお伺いできなかったのですが、私が大きな字で「横田切れ」とノートに字を書いてお見せしたら、かなり興奮状態になられました。有史以来百四十回でしょうか、大中小さまざまな洪水があったわけですけれども、その時々の民衆の方々、あるいは当事者の方々というのは、どういうふうに洪水対策といいますか、治水対策というものを考えていたのでしょうか、あるいは実際にやられたのでしょうか。

五百川　私ども資料館に来る子どもたちに、どうして大河津分水ができたの、と聞くと「水害をなくすためだ」と、子どもはすぐそう答えるのです。水害をなぜなくさなければだめなのと、こういう問いかけをすると、ちょっと考え込むのです。水害をなくさなければならないという、水害を憂える素晴らしい歌を作られたのが、国上に三十年お住まいになった良寛さんなのです。

これほど苦しんでいる、もちろん良寛さんと遊んだ子どもたちの姿も見えなくなる、それほどの水害を何で今の政治は治めてくれないのか。愛語ということを説く良寛さんは、そうした人々の苦しみを真剣に憂えたわけです。「造物、いささか疑うべし」と、良寛さんの大事にする仏さんも神様も疑わなければならないと、何でこんな状況にしていくのかと。「たれかよく四載に乗じて、此の民をして依る有らしめん」、四載というのは中国の伝説上の治水によって皇帝になった禹という方が、行政上、見回りに行くときに乗った四つの乗り物、それが舟であり、車であり、ソリであり、かんじきだったわけですが、そういうものに乗ってよく見回りをした。そしてこういう素晴らしい水害を憂える詩を作っております。「この農民の深いなげきを収めてくれるのだろうか」、こういうふうに良寛さんというのは、決して山ごもりの仙人ではなくて、そうした良寛さんのお気持ちが全国区の人物にしたのは、言うまでもなく、信濃川沿岸、国上、今の分水地域の人たちが真っ先に良寛さんの言動を記録し、そして近代に広く広めた。なぜ広めたか、良寛さんの気持ちと通じて、大河津分水という発想が出てきたということなのです。

「造物いささか疑うべし
たれかよく四載※に乗じて
此の民をして依る有らしめん」

※四載
禹が治水の際に用いた四つの乗りもの。
舟・車・そり・かんじき

良寛「寛政甲子夏」―「憂世」の詩

阿　達　良寛さんは行脚される間に、この信濃川の洪水やら悲惨な農民たちの状況などを説明されたり、お話しされたりして回っていたのでしょうか。

五百川　この詩を見ると、実に具体的に暮らしぶりを詠み込んでいるのです。だから、なかなかほかにできない非常に鋭い目で見ておられたと思います。

阿　達　良寛さんが本当に憂いに憂えたこういった状況について、先人たちは次々と立ち上がります。先人たちのご紹介、先ほど本間屋数右衛門さんの話がありましたけれども、どんな形でどういう時期に立ち上がったのか。

先人たちの治水の志

五百川　例えば弥彦神社の宝物館に何十年も眠っていました資料が公開されて、今の大河津資料館というのはリニューアルしているわけです。だから、これまでの大河津分水史の見せ方とちょっと違っているのです。例えば本間数右衛門ではなくて本間屋としているのは、本間屋という船問屋さんの召し使いということが文書の上では書かれているわけです。しかし、主人の後見をするくらいだから、研究された小村式先生は、番頭格ぐらいの人だろうとおっしゃるのですが、実際に今残っている照明寺のお墓を見ますと、本家の本間屋の堂々たる大きな墓と比べますと、まったく小さなお墓で、しかも離れた共同墓地にございます。お寺の方も、本間本家の人ではないとおっしゃるのです。新しい説では日本の庶民というのは大勢名字を持っていたので、本間数右衛門と名乗ってもいいのですけれども、公文書の上では確かに本間数右衛門とは書いてないのです。本間屋 数右衛門と書いてあるのです。それで、親子二代で運動のために金を使ったということで絶家となっていまして、明治に国が功労者として表彰するときに、本間という新しい家を興すわけです。二代目数右衛門の文書が残っているのですが、それを読みますと、これを掘割したら、この中州をくださいと、それから前面に円上寺潟、鎧潟という潟の干拓をさせていただけないかと書いてあるのです。つまり、松ヶ崎というところで阿賀野川が掘割を造ったら洪水が流れ込んで、阿賀野川の河口が広がったのです。その結果福島潟界隈《かいわい》が干上がって、ちょうど徳川吉宗の新田開発令が出ていまして、市島とか佐藤とか白勢とか、そうした大きな地主さんが土地に資本を投資して、大きな田んぼを手にされた。いわゆる全国で有名な千町歩地主がなぜあの阿賀北の福島潟周辺に集中したかというのは、そういうことなのです。それが船問屋の情報ですから、すぐ港町・寺泊の耳に入って、よしということで掘割を行おうとした。どちらかというと、開発というものが先に立った、実はそういうねらいなのです。したがって、幕府がそれを許可しませんと、どこが実行したかというと、皆さんご承知の内野の新川の掘割になるのです。そして、三潟水抜きと言いまして、鎧潟、田潟、大潟という潟が埋められて、鎧潟はだいぶ残りましたけれども、大きな新田が下流にも生まれるわけです。

ところが、幕末になり、例えば小泉蒼軒という方に至ると、元の新津の市之瀬というところにおうちが残っていますけれども、大河津を掘ったら土地をくださいということは一切書いていない。もう洪水被害、水害をなくすためにこの工事を何とかやってください、こういうふうになるわけです。したがって、江戸末期、明治初めからはもう大河津分水というのは大水害をなくすためにどうしてもやりなさいと、特に小泉蒼軒の場合は、お殿様の政治をやめてほしいという。というのは、信濃川流域というのは新発田藩、村上藩、長岡藩、天領、みんな入り交じって、てんでんばらばらで、堤防の形も細かったり、太かったり、低かったりして藩によって違うのです。そういうことでは、信濃川という大きな川をとても治めることができないということから、小泉蒼軒の大河津分水論というのは、信濃川を一貫して考えた治水策に変わるわけです。以後、越後平野の治水論は、小泉蒼軒のとなえる方向で進むわけです。そして、殿様の政治が倒されますと、明治の中央政府ができまして、ようやく信濃川水系の一貫した治水工事が可能となるわけです。そして、明治三年、真っ先に着工されました。しかし、その幅はわずか数十メートル、従って洪水で松ヶ崎の二の舞いで、信濃川の水がどっと日本海にあふれ出る。そうするとどうなるか、そのことが重要な問題なのです。

それで、当時の名県令といわれた楠本県令は、あえて大河津分水の工事に携わった人々の反対、これだけできているのだから通水せよという要求を拒絶するわけです。そして、それは元通りに埋め立てられてしまいます。廃業は明治八年。明治五年にできて、二年も慎重に検討して。この楠本さんという人は、後の東京府の知事や衆議院の議長にもなる立派な人でして、決して治水に無理解ではないのです。三条の嵐南地域の堤防は、楠本さんが対岸の嵐北の町人たちを強く説教するのです。何であなた方は偉い方がいるということで、嵐南の堤防を許可しなかったのかと。実際に堤防がなかったのです。嵐南地区に堤防を造らないあなた方のエゴは何だと、それで三条の嵐北の人たちは渋々承知します。そういうことで、初めてあの五十嵐川の左岸に嵐南の堤防が生まれたのです。だからその堤防の上には、今は嵐南のお宮に移されましたが、そのときに努力した松尾与十郎の銅像を建立した、というこ

小泉　蒼軒（1797～1873）

『蒲原水害の記』（1842）

人の作れるもの器物にまれ何にまれ破れやすく壊れやすいという理にてもとは諸領々々多く入り交じり、おのれおのれが勝手ばかりを示さんとするから実段にはいたらで、はては只才あるものにあざむかれ、いきおいあるものにおしつけられて、事を決め水道の実理にかなえるものまれならば、多少こそあれ、年々に水害はのがれがたきなり、おしむべし

『大河津掘割損益略』（1844）

とがあるのです。そういうことをぜひ、ご理解いただきたい。大河津分水史というのは一直線に進んだのではなくて、江戸時代、それから近代への出発というところで、そこに大きな転換があるのだと、こういうことも大事なことだと思います。

阿達　今ほど小泉蒼軒《こいずみそうけん》の話がありましたし、本間屋数右衛門が出ましたが、それ以外にもさまざまな方々が、それこそ親子二代にわたって、本間さんだけではなくて田沢さんという方もやられたみたいですし、鷲尾さんという方もおられるみたいですけれども。

五百川　小泉蒼軒は肖像画が残っています。新津の市之瀬というところ、小阿賀野川のほとりにいきますと大きな水倉と、あまり大きくはありませんけれども、家が残っています。小泉家に養われたということで、本間姓を小泉に改めたのですが、ご恩返しが済んだというので、明治に入ってから元の本間という名字に戻っています。もともと新潟の下町のご出身の方なのですが、見附の今町で庄屋さんをしていまして、見附ゆかりの方です。ここにありますように、まさに諸領諸領入り交じって、今のことも言っ

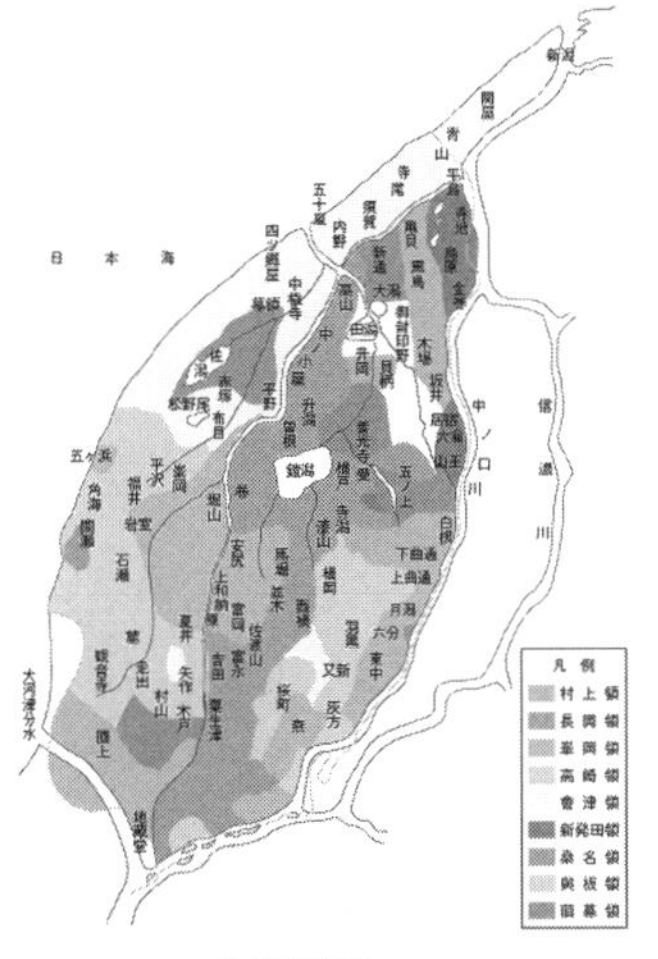

小藩割拠
- 西蒲原郡急藩領地概要図
（幕末）-

ているのでしょうか、勝手ばかりを示さんとするから、只才あるものにあざむかれ、いきおいあるものにおしつけられ、水道の実理にかなわないから水害が起こるのだと。これは新発田藩が明治の初めに第一次工事の中心になった原動力です。実は蒼軒のこういう主張を身に付けて、新発田藩が実践に移していたということです。

そして、彼が言う小藩割拠の絵図を見てください。実にモザイク模様で、加賀から来た人は統一されて加賀百万石ということになっていましたからびっくりされるのですが、さすが上杉の強い越後を分断割拠して、こういう構造になったのです。これは水害だけではなく、越後の発展を遅らせた大きな根拠になるのではないですか。

次に鷲尾《わしお》政直《まさなお》です。今も新潟市黒鳥に立派なお屋敷が残っています。この三代目の方が鷲尾貞一さんと

鷲尾　政直（1841～1912）

『西蒲原治水起工議』（1881）

水の性は人力がかかわって左右することがあり、水を治める道を得ることが必要である。その道は＜人民結合一致＞の精神を以て基礎を立るにありとす。然らざれば、何様の考察を尽し、何様の資本を要するも単独力の以て其全効を期すべからざるや明らかなり

おっしゃいまして、西蒲原の土地改良区の理事長で、土地改良区の玄関に銅像が立っています。この人の書いた見事な石碑を横田切れの横田の方が建てています。「和をもって水を治める」、これは得意とされた言葉のようです。これを見て分かりますように、人民結合一致しなければならない。どんなに工夫、設計をし尽くしても、どんなに多額の資本を出しても、人民結合一致しなければだめだと。この人の事業で今残っているのが西蒲原郡の中之口の堤防で、これを設計して造ったのが、この鷲尾政直という人です。とにかくこの鷲尾さんが人民結合一致というのを大事にして、自助、共助、公助ということをみんな実践しているのです。だから、よく私は言うのですが、中央から来た方が掘るまいかという隧道堀を非常に高く評価された。これはその通り高く評価されていいのですが、実はあいう隧道でも十幾つまだほかにあるでしょう、それ

田沢　実入（1852～1928）

『信濃川治水論』（1881）

水の害毒をたくましうするは人の之を治めざるなり、水の罪にはあらざるなり

から堤防造りも各所にあります。道路も橋もそうです。まさに人民一致結合、金のないものは労力で、金のあるものはお金を出してという発想で取り組むわけです。こういうことを、治水の原点においたということは、非常に重要な思想、発想でないかと思います。

そしてもう一人、大河津分水といいますと、すぐ白根の古川の田沢実入《たざわみのり》という人が挙がります。この人の一番好きな言葉は、「水の害毒をたくましうするは人の之《これ》を治めざるなり、水の罪にはあらざるなり」と、今も立派に通用する言葉だと思います。

そして、この人は大河津分水工事で亡くなった方たちの慰霊のために桜を植える、分水名誉町民の山宮さんと力を合わせまして、今も立派に堤に「いく千春かはらでにほへ桜花植えにし人はよし散りぬとも」、こういう素晴らしい桜の歌で、今も公園にこの碑は立っております。

大プロジェクト、大河津分水の着工

これから新しく大河津分水の建設工事に入る話になります。田沢実入さん、私はお会いしたことがないのですが、今は亡くなられておりますけれども、そのお孫さんで、新大名誉教授当時にお会いした小柳孝巳さんという方がおられたのですけれども、とにかく誇りに思うということを繰り返し取材で話しておられました。それから、その前に本間屋さんの話がありましたけれども、これもご子孫でいらっしゃる本間力さんという方にもお話をお伺いしたときには、先祖はしなくても、誰かしらやっただろうと謙遜していながらも、やはり誇りを持っておられた。しかし、造ってほしい、やらなければだめだという要請やら陳情やらを繰り返したわりには、結局、私財をなげうったり、田畑を売り払った中で最後は貧しい生活を送られたり、子孫の方々はそんなに優雅な暮らしをしているわけでもない。田沢家の例ですが、これを見てくださいと言ったのが、なげしの上にかかげられてあった県からもらった賞状で、先ほど田沢実入の業績を讃える話をされましたけれども、田沢実入も賞状一枚、君知事がご健在の頃の賞状が一枚あるきりだったのです。その時に、こんなものかなと思いながらも、それでも彼らの二代、三代にわたる苦労が、ようやくこれから話に入る大河津分水の建設、完成という形に結びつくわけです。なかなか長い道のりでしたけれども、先ほどお話になった明治五年に一度はできたと思われる大河津分水、三十七年ぐらいたってからまた正式に着工されるわけですけれども、技術力の違いがかなりあったと思うのですが、一説には、明治五年の完成を見ない方がよかったと。そうすると、松ヶ崎の話になりますけれども、四十二年ぐらいまでの間に、日本の土木技術も進歩したのだろうと、それが今回の東洋一のプロジェクトといわれる大河津分水の建設を見る大きな原動力になったと、技術力なくして、今こんな形で皆さん過ごしてはいられなかったという話をよく聞きますが、実際にいかがだったでしょうか。

五百川　本当にそれが大事な問題で、大河津分水双書の中で、新潟大学の工学部の大熊孝先生が、土木技術史という立場で明治初年の分水工事のことについて書いてくださいました。そして、やはり近代的な土木技術と出合ったことで、こうした水の思想家の大河津分水構想が実現していくという点で、まさに技術というものの持つ大きな意義を感ぜざるを得ないのです。そういうことで、今、お話のとおり、土木技術者というものがそこに登場してくる、そのことが非常に重要で、それが大河津分水の完成という段階で大きな実を結ぶということになったと思います。

阿　達　正式な大河津分水の着工は明治四十二年、その二年ぐらい前に建設の計画が立てられるわけで、十五年かかり、着工してから十三年ぐらいといわれていますけれども、長いですか、短いですか。

五百川　やはり長いですよね、長いと言わなければならないと思います。

阿　達　実際、数字上で言いますと、工事に従事した人数は延べ一千万人、残念ながら亡くなった方も百人ほどおられるという形で伝えられています。極めて難しい工事であったのでしょうか。

五百川　言われております難しい工事は化け物が住んでいるのだろうと恐れられた、今も跡がよく残っていますよね。十年ほど前にもまた地滑りを起こして、県の土木部が工事をしております。だから、当時の技術として、特に地質学の面での研究が必ずしも進んでいなかったといいますか、予測せざる大きな地滑りが起きて、その結果、工事が一年、二年とずっと遅れるわけです。その間に戦争がありました。計画の段階では日露戦争が起こって遅れているのですが、今度は第一次世界大戦が起きて、また遅れております。そして今いった大地滑りの発生でさらに遅れる。しかし、そこに注がれた越後の人間の勤労といいますか、そういうものが今の延べ一千万人といわれる中で、ただ人数が多かったというのではなくて、十三年間工事責任者をやった渡辺六郎という人が、その働く姿に最も感動を受けたということをおっしゃっています。

阿達　日本の技術の粋を結集した東洋一のプロジェクトはいったんできますが、残念ながら自在堰の陥没ということで壊れます。最初に造られた土木技術者たちのお名前よりは、その後、自在堰を造り直す技術者たちの名前の方が後世に伝わっています。技術力とか機械力だけではないもの、当時の技術者たちの熱意と努力、これが大河津分水を造る大きな支えとなった。機械だけでは、あるいは技術だけではできなかった背景があると先生もよく言われていますけれども、その辺はどうでしょう。

五百川　それは事実だと思います。やはり例えば現地で指導する土木技術者というのは、土木作業員の方と全く同じ服装をします。そして、寝起きをともにして実に真剣に打ち込むということ、その姿

青山　士

が大きな印象を与えることになるのではないでしょうか。

技術者の登場ということで自在堰を設計した岡部三郎という名前は、確かに今おっしゃられるとおりみんなに語られないなと。しかし考えてみますと、我が国で最初にして最後の独特なベアトラップという自在堰を造った人です。しかも、直接現物を見ていないで設計して、アメリカで行われていたそれを取り入れるわけです。その岡部三郎と無二の親友の宮本武之輔《みやもとたけのすけ》がそこに登場する。それから今おっしゃる土木技術者のまさに魂といいますか、土木技術者が目指さなければならない理念を説いたのが、宮本の責任者である青山士《あおやまあきら》、今の北陸地方整備局の局長に当たるわけですけれども、この青山士なのです。

この青山士という人はなかなかジェントルマンで、日本人ただ一人のパナマ運河の建設に参加した設計者という一つの品格が表れています。この青山士さんの士というのは、明治十一年の意味の士なのです。サムライの士だけで付けたのではないのです。明治十一年生まれで、ご本人も私は自分の生年月日を絶対忘れなかったとおっしゃるのです。実は今、私どもの分水町あたりで、少なくとも数人ご生存されていると思いますが、士という名前の方がいるのです。その工事の責任者である青山さんの名前にあやかって、男のお子さんに名前をつけたのです。だから、その考えが皆さんに広く伝わっていたのではないでしょうか。

それで、有名な言葉が、この竣工記念碑に刻まれている「萬象ニ天意ヲ覚ル者ハ幸ナリ」「人類ノ為メ国ノ為メ」と、要するに公共事業は大勢の福祉に捧げる事業だと。福祉と公共を一緒に必ずおっしゃる方なのです。それから、「萬象ニ天意」というのは、天意こそは良寛さんお得意の言葉なのです。良寛さんは、天意のままに生きるということが人間としての理想ということをいわれるのですが、青山さんは多分、七年間の越後の生活で、良寛さんと接しておられたと思います。この間ちょっと追悼集を見たら、青山さんが懇親会での歌で、おけさの一節に村の子どもと良寛さまは日暮れわすれてかくれんぼするという文句がありますが、それを歌われたといっていますから、おそらく青山士は良寛とも接点があったのだと思います。無教会派のキリスト教ということで、私は以前、そう教わって理解していたのですけれども、どうも違う。これはキリスト教の言葉ではなくて、青山自身が子どものころから習っていた漢学、おじいちゃんの青山宙平という人の影響を強く受けたと思われます。そういう「天」というものを考えられた人で、この言葉は越後の持っている風土、思想から着想された言葉だと、私はそう考えているのです。

ただ、それにプラスしてエスペラント語のように、世界共通語でこの言葉を「人類ノ為メ、国ノ為メ」ということで裏面に書き記したのではないかと思います。そういう青山士の言葉も、やはり越後の水の思想の一つとしてご理解いただけるといいのではないかと思っています。

阿達 当時、かなりエスペラント語に対する弾圧が強まっていたころで、あえて使ったというあたりが土木技術者が自然に対するのと同じように、社会の時流に対して不屈の精神を有していたという証拠ではないかという話を大熊孝先生がされています。最近、国内だけではなくて国外の方からも、留学生がたくさん訪れているそうですね。

五百川　留学生の方も勉強においでになって、本当に率直に感動の言葉を記してくれます。私がうれしかったのは、キムさんという突然来られた韓国の方がおりまして、実は、韓国土木学会の会長をやられていらっしゃって、一番尊敬する技術者が日本人の青山士だということでした。わざわざ東京に出られるのに新潟空港で降りて、足を大河津に向けてくださったのです。そして、半日、大河津の堤防を歩いて、青山士の記念碑を見てくださって、まさに人類国境を超えて、土木技術者の高邁《こうまい》な思いを感じてくださる方がいて、私は本当にうれしく思いました。

阿達　先ほどお話しした自在堰陥没前の設計に携わった岡部三郎、これに対する雪辱戦が宮本と青山のコンビだった。先輩のために汚名を晴らすべく頑張らなければならないというのも支えにあったみたいですけれども、この二人の出会いなくして、こういった偉業はなされなかったのでしょうか。

五百川　これは、やはり偶然であり、また必然であったと思います。とにかくあの自在堰陥没というのは、当時の工事で最も重大な問題だったのではないですか。それほど財政力のない時代に、とにかく多額な投資をした、それがゼロに近くなるわけですから、これは当時の内務省の土木関係者にとっては、大変な事件だったと思います。そこで、今でいう本省の課長級の人が現場の主任として下ろされてくるわけです。そして、そこで幸いだったのは、青山士という最高の指導者がそこに置かれたと、越後平野というのは恵まれたと思います。最初の第二次の工事もそうだったのです。古市公威《ふるいちこうい》という萬代橋初代の設計者ですが、初代の土木学会の会長です。沖野忠雄、これは二代目の方で、当時、日本を代表する技術者がいずれも越後の地を訪れたということが偶然にせよ、それが、ただ単に技術史の上でということではなくて、青山、宮本という人間像の上で、人間の存在というのは大事なのだと、こういうことだと思います。そういうことを我々歴史を通して考えていく必要があるのではないでしょうか。そういうことを水の思想、こういう仕事が生まれたという風土を私は越後平野、蒲原の中から考えていかなければならないと思っています。

阿達　この自在堰の陥没というのは、不運にもといいますか、幸いにもといいましょうか、つまるところ、かなり渇水が続くわけです。水がどんどん大河津分水から流れていくと、一方で舟運も全然使い物にならない。この三年半というのは、ある意味では後々大きく影響する、本当に大きな分岐点だったような気がするのですけれども、それについて、いわば信濃川の大事さと同時に大河津分水の大事さというのも認識するわけです。

五百川　そうですね。やはり大河津分水というのが越後平野の近代化の実を結び、そして花を開かせたと思うのです。だから、そういう意味で県民の思いも、大河津分水にかつては注がれていたのではないでしょうか。花見客もたくさんおいでになりまして、大河津分水というものが非常に高い県民の関心を集めた時代があったのです。ところが、それが戦時中ではたと止まったのです。そして、戦後の昭和二十年代に分水地域の人たちが大河津分水をみんな忘れてしまったというので、慰霊祭と併せて、国定公園にしてもらったのです。それをきっかけにして大花火大会や感謝祭をやっているということを、分水町史をやっていて発見したのです。当時の岡田県知事さん、県の土木部長さんも来ておられまして、そして、盛大な大河津分水への感謝祭というのを戦争直後の二十年代にやっているのです。今、それがどういう形で途中中止になったのか分かりません。その後、町村合併などで町や村が変わりましたし、県知事さんも交代しまして、いずれにしてもそれが今は四月に慰霊祭という形で、毎年亡くなられた百人の慰霊祭に整備局長、必ず本人が来ます。新潟市長も必ず本人が来ます。そして農家の代表（各土地改良区）が全部そろって来るのです。まだまだ県民のそういう意識の中に大河津分水への思いが残っているのかなと、そういう思いがあります。

阿達　知らず知らずのうちに大河津分水の恩恵を忘れ去ったり、恵みというものを普段感じなくなっているような感じがします。大河津分水ができたことによって特に下流部分や河口部分、変わった点、あるいは恩恵について、先生の方からご紹介していただければ。

大河津分水の恩恵

五百川

本年度の慰霊祭ですが、沿川町村民を代表して篠田新潟市長が見えました。ポケットから紙を出して読み上げられるかなと思ったら引っ込めまして、こういう話をされました。政令指定都市、日本海側最大の都市・新潟市は大河津分水があって、初めて実現したと。非常に的確な歴史認識です。ともすると、今の学校もそうですが、市町村という行政の枠だけで考えるのです。今、新潟市の学校の方たちは、カリキュラムの関係があるのでしょう、市外ということでほとんど来なくなりました。私が学校に勤めていたころは、ほとんどの学

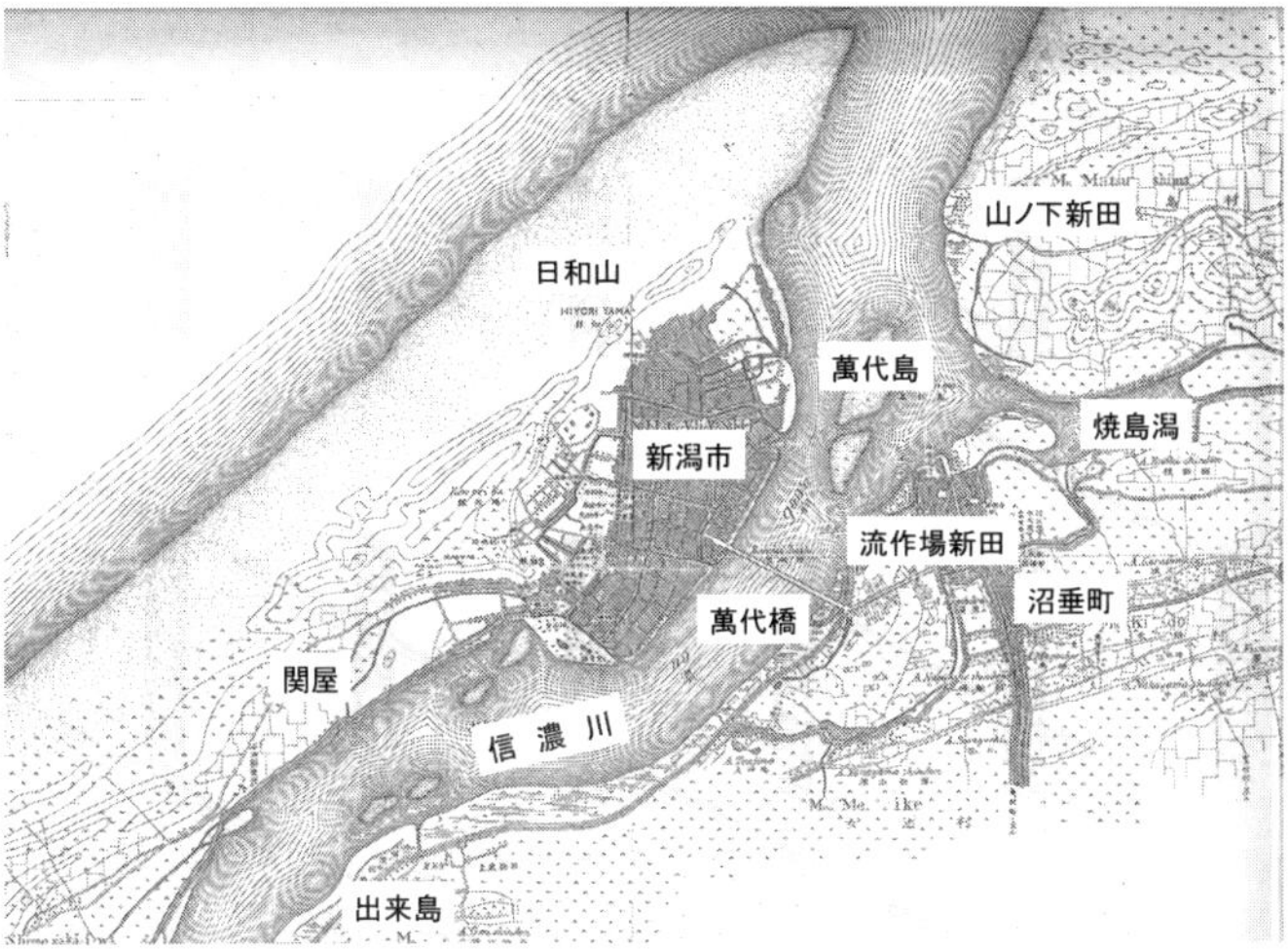

明治20年代の新潟

校が春遠足、秋遠足で大河津分水を訪ねてきてくれていました。ところが、それが今は途絶えてしまった。これは貴重な明治二十年代の地形図なのですが、万代島が大きな島になっています。今、朱鷺メッセというのでつながっています。萬代橋が千㍍を超える長い橋で、当然木の橋です。今の県庁は川底になっているところに建っているわけです。西にしか新潟という言い方はなかった。それが東新潟という言い方が生まれてくるのは、大河津分水以後になるわけでして、現在の信濃川と明治二十年代当時の信濃川を見ますと、そこに大きな発展の姿が見られます。戦後、実は沼垂を含む東新潟地区の人がつくろうとしたのですが、沼垂という名でなく東新潟中学校というふうに名前をつけるのです。戦後は東西新潟が一つになる形で進みます。そして、亀田郷がご承知のように新しい市街地として新潟の発展を引き受ける、そういう素地がその後の土地改良事業によって生まれるということも、こういう地図からうかがい知れると思います。

阿達　そこでは、関屋分水が入っていますでしょうか。

五百川　ここにはちょっと赤い線で入れてあります。

阿達　関屋分水が昭和四十七年にできるのでしょうか、大河津分水を補完するような形で新潟市や河口付近を守っているということになるわけです。先ほど話しましたけれども、いわゆる大河津分水が完成したり、関屋分水が完成したりして、本川そのものが溢れたりすることはなくなったということですね。一昨年の7・13水害では、五十嵐川やら刈谷田川の若干支流などにおいてそういったことも見受けられましたけれども、本川の大きな被害を守ってくれているのが、ある面では大河津分水、それから補完する関屋分水かと思っています。それでもやっぱり何回か大河津分水が危機に見舞われていると、堤防のすぐ下まで水が来ているという状況もあるやに聞きますが、そのたびにひやひやされているのでしょうね。

五百川

実は新潟の洪水というのは、長野発が大きいのです。信州水、信濃水と呼んでいるのですが、木曽川と同じなのです。だから、越後の国に通っている川ですけれども、それが信濃川と呼ばれる必然性というのはそこにあるのです。川というのは、もともとは統一した名前がついていないので、新潟の人はいつまでも大川と言っていましたし、鳥屋野の人は鳥屋野川などと呼んだり、あるいは十日町、川口あたりまでは千曲川というふうに呼ばれたりしてきています。いずれにしても、そこに信濃がついたというのは、木曽川と同じで、木曽川も木曽で降った大水がやってくるのです。そして、新潟県も信濃で降った水がやってくるのです。そうなりますと、そういう洪水のことも含めて特に分水地域の人は今の分水路で大丈夫かと、うちの資料館で講座をやると、そういう質問が必ず出るのです。それで、現状は洗堰の工事が終わりまして、可動堰の工事が始まろうとしているのですが、地域の方々からはもっと大河津分水路を考えてほしいという声が必ず出てきます。

阿達　先ほど刈谷田と五十嵐川の話をしましたが、私の住んでいる小須戸の上下流の方、右岸も左岸も今堤防の拡張工事や、嵩《かさ》上げの工事をやっています。大河津分水は今お話になったとおり、二〇一二年の完成をめどに新可動堰の建設工事が始まっています。より強固なものを造って、より安全に越後平野あるいは新潟県民を守ろうということだと思うのですけれども、何か新しい方法も導入されているという話を聞いています。ラジアルゲートの方式による可動堰は全国で初めてらしいですけれども、それは今までの方式と違うのですか。

五百川　まず新しい可動堰が水路の中央部分に移されております。今までの可動堰というのは右岸よりにくっついていましたが、今度は違うのです。何しろ横田切れのエネルギーというのは、その後研究された方のお話ですと、原子爆弾一発分だそうですから、すごいエネルギーで洪水がぶつかってくる。そういうエネルギーをど真ん中で立って受けるという形になっています。

そして、新可動堰のイメージパースというのがここに出ています。こういう方式の技術的なメリットというのは、とにかく今、阿達さんがおっしゃるとおり、新しい一つの技術として試みられるということで、私どもは全面的な信を置くわけです。「信をなす大事のもと」、これが宮本武之輔の残した言葉です。

実は四月の終わりごろから大河津資料館で新可動堰を含めた企画展をやります。そこで非常に詳細なパネルが展示され、ご講演をいただく計画もございます。こうした非常に魅力的な、新しい可動堰、私は大観光基地のメーンになるのではないかなと思っているのですが、完成を非常に楽しみにしております。いよいよこの五月から本格的な工事も始まっていくのだろうと思っています。そのちょっと下流の遺跡の発掘も同時に行われるそうでございますので、この二つの楽しみがあるということでお知らせしておきます。

信濃川とともに暮らすために

阿達　今、大河津分水、洗堰の上流の右岸が破堤したらどうなるか。百五十年に一回の確率で大雨を想定したデータなのですが、中ノ口川と西川に囲まれたほぼ一帯、これが一メートルから三メートル以上の浸水になると。被災戸数が五万三千戸、被害総額は三兆四千億円になるだろうと。時代はかなり違いますので比較にならないかもしれませんけれども、横田切れの当時は流失家屋は五百戸とも二千五百戸もいわれ、死傷者は当時の県全体で五十人とか七十五人とありますが、そんな比ではなかろうと。今これだけ近代社会の中で、実際同じような規模で破堤といいますか、氾濫した場合、シミュレーションも多分想定外という形だろうと思うのですが、そうならないようにどうしたらいいか。一生懸命ハードの面の新可動堰の工事が進められていくということの一方で、大事なのはソフト面かなと。それこそ住んでいらっしゃる、あるいは地域の沿川住民の方々の意識の中でそういった川に対する視点がなくなるのが一番怖いのかなと思っています。これまでのさまざまな講演会などで先生が述べられているのですけれども、いわゆる災害防止のためには、災害の歴史に目を向けることが大事だと。

また、教科書に書かれていないその土地の歴史、それから人々の歴史、これが川を学ぶことによって見えてくるというご指摘もされています。昔のこと、あるいは被害のこと、洪水のことを忘れがちな現代です。先生が具体的に述べていらっしゃる中之島のカズラ、これは濃尾平野では輪中のことなのでしょうけれども、それすら地元の方は忘れているということも前に述べていらっしゃいます。

五百川

それこそ鷲尾政直のところでちょっと述べましたように、その土地に住んでいる者が何よりも自然の災害を意識する。そして、自らが人民一致結合といいますか、そういうことで対応する。これは今も通用する主張だと思います。地域の歴史を掘り起こしていきますと、例えば西蒲原ですと、曽根というところの高橋源助という人が村の用水のために、結局は殺されるのですけれども、彼の首が役人が隠した蓋をくわえて飛び出してきたという話があります。それから、中之島の方ではご承知の与茂七伝説というのがありまして、これも結局殺されます。二人についての共通点は、治水に尽くして村を救った義民ということです。桜宗五郎と同じで、義民伝説というのは治水に絡む人たちなのです。義というものを越後の人間は大事にしてきたのではないでしょうか。ものや形で治水施設を見ることも大事ですけれども、そこから見えない人々の心も大事にしなければ、越後の人間というのは、歴史上の偉人としてはすぐ良寛、あるいは上杉謙信を挙げるのです。謙信の重要な部下だった直江《なおえ》兼続《かねつぐ》が蒲原の治水にかかわる、そういう伝承が残されているのですけれども、上杉謙信が使った言葉というのは、第一義という「義」というもの、彼はそれを非常に大事にするのです。だから、「戦するなら謙信公のように」と、「敵も情けに泣くような」という伝承が残っているわけです。だから、春日山音頭という歌を見ますと、初めに「春日山頭松吹く風に今も変わらぬ義の叫び」といいますが、この義というのは謙信の信仰する仏教の一番奥義を指しているのです。

鞍掛神社　社額

　越後の人たちの信仰といいますか、そうした一つの思いといいますか、そういうものが町や村にあって、大変な水害も乗り切ってきたし、今回の中越地震でも7・13水害でも、そういう見事な地域の人々の連帯と対応があったのです。私は最後にぜひ見ていただきたいのが、渡辺六郎という、先ほどちょっと紹介した十三年間、工事の責任者として、責任を果たした方です。

幸か不幸か亡くなってから例の陥没が起こるのですが、この方が工事竣工式に際して述べている言葉が、私は非常に好きなのです。とにかく自分の最も感謝している点は、延べ一千万人といわれる人たちのよく働いてくれた姿だというのです。大川津という分水路の一番出口のところ、村を挙げて移転し、そして働きにも出た、それが大川津の方たちなのですが、その方たちが鎮守の森に鎮守の社を移すときに、その社額にこういうふうに従三位、渡辺六郎と書いてあったのです。どこかで見た名前だと思ったら、十三年間の分水工事の最高責任者だった渡辺六郎、その人なのです。これは私はうれしいと思いました。とにかく工事で、我々はとかく働かされた、移された、された、されたという形にとりやすいのですけれども、大川津の人たちは鎮守の森を移して建てる時に、その工事の最高責任者に自らの社額を書いてくれと頼んだ。

これは私は非常にうれしいと思います。今盛んに中央の方は〝ＰＰＰ〟という言葉を使っていますが、最初のＰは公共という意味のＰなのですが、次のＰがプライバシーのＰで、最後のＰはパートナーシップということらしいのですが、我々の知っている言葉で言うと、簡単に言えば官民協働、つまり工事を進める側も、それに協力する側も協働する、今そういう姿が叫ばれています。特に戦後の成田空港の闘争のように、まさに大公共事業をめぐってすさまじいやり取りがあった、そういうことが戦後の公共事業の中でいわれるのです。私はこの大河津分水工事にあたって、本当に地域挙げて大きな大河津分水という公共の福祉のための仕事を感じ取って、戦後、三つの町や村が一緒になるときに、名前をどうするかということで分水町と、分水というものを誇りとする町の名前に付けたわけです。そういう意味で、地域のそういう人々の持った公共の志というものを私たちは素直に受け止めていきたいと思いました。今ある意味で、公共事業というものが本来の意味と異なった意味で使われていることが残念です。とにかく大勢の公共の福祉のためにこそ私たちの治水の工事があるので、それが大きく意識されていくことが、さっきおっしゃったソフトという面で、これがないとだめなのかなと。そういう意味で水の思想ということをあらためて私たちは勉強し直していきたいと、こんな考えを持っています。

阿達　公共事業の実施にしても、地元の方々が地元の近くを通る川に対する関心なくしては、どこが危ないかという話が分からないとは言いませんけれども、一番よく知っていらっしゃるのは地元の方でしょう。そういう意味では、地元の方がそういった危険度を察知した中で、この川についてこうでなかろうかというような話をしてこそ、災害が起こるきっかけをまず事前に封じることができるだろうし、公共事業の実施に向けて大きな一歩を踏み出すことができるのではなかろうかと思っています。我々マスコミというのは、災害発生については大きく報道しがちです。どちらかというと、ぎりぎり防いだとか、しのいだという話が手薄というか、あまり関心を持たない傾向にあるのです。我々自身の反省を含めて、これから自ら水の国といいわれる新潟に住んでいて、信濃川について、渇水も含めた川の水の量、それから洪水的なものにもう少し関心を持ったらいいのではなかろうかと、そういった認識を持っていこうと思っています。

分水の話を先生がされましたけれども、三市町が合併されたときの名前が新しい燕市という格好で、分水という町の名前はなくなります。分水町の今立地しているものが、新しい燕市という中でくくられますけれども、そういった面ではもう少し広域的に、多面的にこういったものを取り上げるというか、関心を持つ必要があるような気がしますが、いかがでしょうか。

五百川

私だけの考えであれば残念ですけれども、自治体の名称が変わるということは、地名をなくすことにはならないと思っているのです。だから、今、分水公園は早くから分水公園と、おいらん道中は分水おいらん道中、燕市分水おいらん道中、良寛資料館は燕市分水良寛資料館と名付けてきております。気になるのは、旧新津という言い方が気象予報などで出るのですが、私は本当はけしからんことだと思っているのです。新津という名前を誰が消したのだと、旧新津市という言い方があれば、これは一つ筋が通っていますけれども、新津という地名は我々何百年前から使ってきた地名でして、そういうものがたまたま一自治体の名前が消えたからといって、旧新津などと呼ばれるいわれはないと思います。そういう意味で地名というのは、お互いがその土地を愛し、そして関心を持ち続ける限り決してなくなることはないのです。

水の思想で思いますのは、水の思想というのは何も言葉だけで書き表されているわけではないのです。例えば燕に捧さんという偉い写真家がおられます。その捧さんの写真に表れているのは、まさに水の思想なのです。船に乗った子どもたちのほほえましい写真があります。あるいは、吉田の横山さんという有名な画家がカッパのおもしろい絵を描いておられます。また、吉田千秋という方が新津の大鹿のご出身で、今、吉田文庫とありますが、その吉田千秋が作曲した「ひつじ草」という曲があるのです。これは流行歌といいますか、琵琶湖就航の歌の原曲なのですが、この間、新潟の音楽家の鍋谷さんが、りゅーとぴあのパイプオルガンでそれを演奏してくださった。これがやさしく、素晴らしい曲なのです。だから、写真にもあり、絵にもあり、音楽にもある。

そして、この地域は燕の「つ」というのは、「ツバメノブン」と書かれた時は津波目分と書いてあるのでして、もともと川の港なのです。燕市史にもそれが書いてありますが、津の世界、粟生津、米納津、大河津、「津」でつながれた世界、水の世界なのです。そこに燕の人たち、農耕兼業の職人さんたちが和釘を作る。よい田を作った吉田の人々が村おこしをやります。そして、分水の人は特に地蔵堂という商いの町として、当時は数少ない米の取引所、今でも米所小路と名前が残っていますけれども、そういう町をつくり上げるわけです。

そういう意味で、一つに結ばれた津の世界の中で、燕市には素晴らしい産業資料館があるのです。吉田町には、大河津分水の運動の中心になった人たちを育てた長善館という素晴らしい私塾があるのです。西蒲にはいくつか私立校がありまして、明訓のように新潟に移ったのもありますけれども、今お聞きしますと、吉田町の方々が長善館をかつてのように復元するという構想をお持ちだそうです。そして、この分水町にはそうした水の思想の根本にある大事な愛と義の教えを説いた良寛さんの資料館があるのです。

だから、水の文化という点では、大燕市というのは非常に楽しい、あえていえば観光という言葉でいいと思いますが、大勢の人々がそこにやって来て味わっていい世界があると思います。ただ、それを我々自身がまず掘り起こしてやるべきではないかと、そこから生まれる新しい燕市の展望に私は夢を持つわけです。たまたま今日、なぜか燕市の文化ホールで信濃川自由大学をもっていただいて、不思議とご縁を感じるものがあります。

阿達　大河津分水資料館を訪れる子どもさんたち、遠足あるいは修学旅行の関係が以前に比べたら少なくなってきたようだということでしたが、水の文化のある面では、新しい分水を含めた燕市が拠点になっていくのかなという気がします。次世代の子どもたちにこういった先人たちの苦悩ぶり、あるいは大河津分水の意味合い、意義、そういったものをこれから検証し、あるいは継承していってほしい。ある国会議員が死の直前に、何とか大河津分水を大国立公園的なものにできないか、誰しも遊びに来て、そこで学んで帰っていただいて、新潟県の大きな歴史を後世に残していくという役割を果たしてもらえたらと言っていたことを思い出しました。せっかくの合併のチャンスでございます。この大河津分水を抱えた中で決して重荷ではなくて、観光でも、あるいはほかの言葉でもいいと思うのですけれども、それを持ち続けていく大きなきっかけになってもらえれば、大河津分水、先人青山あるいは宮本たちの夢もこれからも脈々と受け継がれていくのではないかと思っています。

会　場　本間屋　数右衛門について、召し使いという言葉を使われたかどうか、そういうことをおっしゃられたので、非常にびっくりしました。番頭だと思っていたのですけれども、姓は本来なかったのでしょうか、本間屋の何とかで、やっぱり本間という姓だったのかなというような感じがしますが。ということになると、ご主人の本間屋様は素晴らしい方なのだなと、結局、ご自分の財産、お金だけだったとも思えませんので、素晴らしいと思ったのです。

それから、こういった機会でないと聞けないので、直江兼続さんが、西蒲で土木工事をやられたとおっしゃっていましたが、その辺のお話をぜひ、お願いしたいと。

五百川　本間屋　数右衛門というのは、今現にある文書といっても、そうないのですけれども、そこに書かれているのです。初め「寺泊町史研究」に寺泊町史の監修者の小村弌先生が取り上げられて、正式には本間数右衛門と言わないで、本間屋数右衛門というべきだというのは史料の上からです。私が言うのは、名字というのは公文書上で書けないという制約はあっても、今の名字史の研究で見ると、大勢の人が名字を名乗っているのです。だから、本間数右衛門と書かれていても、間違いとはいえないのではないかということ。それから、召し使いですけれども、一方、文書の上で主人が幼いということで、本間屋の当主の後見人になっているわけです。そうすると、その人は少なくとも番頭格ではないかと。だから小村先生は非常に史料に忠実な方ですから番頭とは書かれないのです。それから、数右衛門の名誉のために申し上げておきますが、小村先生の推理では主家の財産を潰したので追放になったというのは、とてもそうは思われないと、そして、それは村上藩が多額の借金を本間屋からしているのですが、それがとにかく返さないのです。それが潰れた原因で、むしろ数右衛門は主家の財産を何とか殖やそうとして努力した人だと。これを数右衛門の名誉のために申し上げておくと、これが小村先生のお話ですので、その点、誤解のないようにお願いしたいと思います。

（※当日は、直江兼続についてお答えを落としましたが、直江兼続の治水事業は伝承として語られていますが、それを裏付ける史料が全く乏しいということです。今後の検討課題です）

会　場　先ほどのツバメの「メ」はどういう字ですか。

五百川　目です。古い文書の上では「津波目分」と漢字としてはそう書かれています。〈『新潟県の地名』（平凡社）〉それで、燕市史をお書きになった中世史の田村先生が、燕市史の初めに津の世界という言葉を使って、燕の産業も文化もみんな水の世界から出てきたのだということでお書きになっていまして、今度、分水町史が出ますので、どのようにお書きになっているかということを楽しみにしています。

「おわりに」にかえて特別ホスト対談

～信濃川自由大学　パート1を終えて～

昭和38年豊口デザイン研究所に入所、52年社長就任、そののち会長。この間昭和43年東京造形大学助教授、教授、技術センター所長を経て、昭和59年から平成４年同学長。平成６年長岡造形大学学長に就任、現在同理事長。ほかにＧマーク審議委員会会長、大河津可動堰改築検討委員会委員など役職多数。昭和45年「大阪万国博覧会電気通信館」など。著書に「ＩＤの世界」「Ｇデザイン・マークのすべて」など。

豊口　協

toyoguchi ● kyou

昭和51年早稲田大学法学部卒業後、新潟日報社に入社。記者として村上支局、六日町支局員。東京支社報道部キャップ、県政キャップ。自治面デスク、社会面デスク、長岡支社報道部デスク、編集本部デスクを歴任。平成16年に学芸部長代理兼編集委員、平成17年に学芸部長兼編集委員。現在整理部長。

阿達秀昭

adachi●hideaki

豊口協×阿達秀昭

われら信濃川を愛する

豊口　この信濃川自由大学のホスト役を務めてきましたが、実は、私自身、信濃川という川を実際にこの目で見て、生活を通して体験したのは十三年前なんですよ。それまでは教科書だとか、ニュースだとか、そんなもので信濃川という川に関してはある程度の知識は持っていたんです。

阿達　なるほど。

豊口　この自由大学を通して、もう一度信濃川をいろいろな視点から見直していこうということになったとき、信濃川と日本の国の歴史がどういう関係にあったかということが、ひとつの鍵になるんではないかなという気がしたんです。つまり、日本の歴史をもういっぺん見直せる機会になるんじゃないかなと思っていますね。

阿達　サブタイトルと言いますか、キャッチコピーと言いますか、「われら信濃川を愛する」とおつけになったのは豊口さんだとお聞きしていますが。

豊口　お話があった時に、僕はなぜそんな言葉を言ったかというと、長岡に十六年前に初めて来て、東側の土手に立って沈む夕陽を見た時に、もう感極まったんですよ。こんなに美しい景観・景色があるのか、と。まだまだ日本は捨てたもんじゃないなと正直思った。というのは、戦後日本の社会に生きてきて、都会にいると公害が広がっていって自然がどんどん破壊されていく。一方では仕事に追いまくられて、本当に時間が無いという生活が続いた。

それが長岡へ来て先ほどの夕陽ですよ。沈む夕陽を見た時に、神様が、お前もう一度人生考えてみろと言ってくれたんだと思った。

あの夕陽の赤い色というのは、東京では見られなかった。スモッグによる空気の汚れで、どす黒くなってる夕陽でしょう。こんなにきれいな夕陽が日本にもあったのかと思った。海外でもいろいろな国で夕陽を見てうらやましく思ったことが随分ありましたが、長岡で見ることができて、日本も捨てたもんじゃないというのがあったんですよ。

信濃川の川面に反射してくる光があって、それが黄金色になって、やがて紫色になって太陽が沈んでいく。そうすると街の明かりがホタルみたいに点々とついてきて、やがて空の星が輝きをはなつ。この自然な演出というのは、川があるからできたんだと思うんです。そういうふうに、私に対して生きることの喜びを与えてくれた川だし、尊敬に値する川だと。

阿達 ゲストの方々はどんな印象だったでしょうか。

豊口 それぞれ素晴らしい方々です。一番最初に稲川さんにお話を伺って、目的意識をはっきり持った方だと思いました。非常に正確にこの地域社会の歴史を把握していらっしゃる。全部頭の中に入っているんじゃないでしょうか。すごいですね。

阿達 後は嶋さんと河合さんでした。

豊口 嶋さんについては「酒」の専門家として、あれだけ自分自身を磨き上げた人というのは私はほかに知らない。何回かお話を伺いましたけれど、本当に面白いですよね。

共通して言えることは、信濃川に今でも自分たちは非常に世話になっているんだという意識をお持ちだということですね。ですから自分の生涯を通してお返ししなくちゃいけない。その返し方はいろいろあると思うんですよ。自分の仕事を通してお返しするのか、それとも自分の周辺にいる人たちにお返しするのか。自分の跡を継いでくれる子どもや孫たちに対して、何かを残していくということでお礼をするのか。

阿達 感謝すると同時に、自分ができることから貢献していく、後継者につなげていくという。

豊口 そうなんですよね。つないでいくことが大事なんですね。

阿達 その中で印象深かったのは、カメラマンの弓納持さんでした。風景写真は偶然の出合いが八十パーセントという表現をされたんですよ。でも偶然というのは、足しげく通わなければそのシーンに出合えないわけですから、偶然とは必然的につくるということだとも思うんです。一方でまた自分でしか撮り得ない写真についてチャンスをもらったものについては、天が恵んでくれた、と。こういう謙虚さがあってこそ、そういったチャンスに出合えるんだなという気がします。いま一つ、信濃川については自分の体の中に流れる血の一滴までも信濃川の「水」なんだという言い方をされたんですよ。

豊口　すごいですね。

阿達　ご飯を食べるとき、顔を洗うとき、お風呂に入るとき、みんな信濃川が自分の体の中に流れてるんだと。時に彼は、飛行機の上から信濃川を撮るわけですけれども、黄金の川という言い方されてますね。その言葉が極めて印象的でした。もともとは報道写真家でいらっしゃって、新潟地震の時は、たまたま新潟空港におられて、液状化現象を自分のカメラでシャッターを切って、それを世の中に紹介するという初めての作業を行った方です。後々商業写真家として立脚されて、きれいなものをずっとまた追い続けていく。百行の原稿を書いて思いを伝えても一枚の写真にはかなわない。そのくらいこのシャッターチャンスに恵まれた時の写真というのは素晴らしいという気がします。

先生ご自身は、いわゆる信濃川についてはどうなんですか。かなり写真撮られてるんですか？

豊口　難しくて撮れませんよ。それはもう、瞬間で僕はもう動けないわけですから。シャッターを切るチャンスを完全に失しているわけです。撮れないですよ。本当に見ているだけですよ。

川の思い出、信濃川の印象

阿達　先生の信濃川の見方というのは、私たちとまた違うと思うんです。先生にとって川とは何でしょうか？

豊口　何ていうんでしょうか、子どものころからの成長の段階でいえば貴重な友人だった。

阿達　お生まれは、どちらでいらっしゃるんですか。

豊口　東京の世田谷区です。そこに小川があったんです。崖があって、その下を流れてたんです。その小川にトンボが出てきて飛んでいるわけです。それを捕まえるのが面白くてしょうがなくて、小さいころよくそこで過ごした。今行ったら何も無いんです。故郷が無くなってきている。

その後は、親父の転勤の関係で大阪に引越したんですよ。大和川という川があるんですが、きれいな川でしたね。転校先の小学校の同級生、上級生が一緒に、「おーい、川行こうか」って誘うわけですよ。上級生にぞろぞろついて行く、そして「泳げるやつは誰だ？」「はい」「泳げないやつは？」「はい」「よし、ついてこい」となるわけです。それでその大和川を泳いで渡るわけです。

阿達　泳げるほどのきれいな川だったということですね。

豊口　いや、それはもうきれいですよ。河原には、もう真っ白な石があって。

阿達　大阪ですよね。

豊口　大阪ですよ。考えられないでしょう。ところが僕は、最初は泳げなかったんですよ。みんなは向こう岸へ泳いで行っちゃうわけです。で「来い」って言う。「来い」って言われたってね、怖いですよ。だけど馬鹿にされちゃいけないから泳いだわけです。ガブガブ水飲んでね。もう辛くて「助けてくれー」って言ったらみんな笑ってるわけですよ。そんな経験の中で泳ぎを覚えたんですよ。それはものすごい自信になりました。東京から大阪へ転居して大阪の小学校に入ったわけでしょう。言葉が違うし、ちょっとずれがある。生意気なやつだったから。その上に更に泳げないとなったらもっとひどいことになるでしょう。それが払拭されたんです。

阿達　言葉の壁はなかなか面倒でしょうけれども、友達に負けないぐらい泳ぎがうまくなりたいという。

豊口　「ああ、あいつも泳げるんだ」と。「東京のやつはあかんと思ったけれども、まあ泳げる」それで仲間に入れてもらった。

阿達　私も家の前に、幅一、二メートルの幅の川があるんです。すぐ裏は山ですから、常に清流が流れている川なんです。今でこそ蓋《ふた》をされて、ちょっと見られないですけれども、そこでよくトンボ捕りなど、先生と同様のことをやっていました。

豊口　こんどは私は、大阪から秋田へ疎開したんです。秋田の市内にも川があって、その旭川にはくわの巨木が川の中に出ていて、実を食べながら泳ぐんです。これが実においしい。その後、秋田市内の小学校は全部強制疎開になりましたから、大曲へ移った。あそこは雄物川がありました。

阿達　そうですね、雄物川ですね。

豊口　泳ぎに行こうと思ったら土地の人が「駄目だ」と言うんですよね。虫がいるから、と言うのです。「ツツガムシ」のことですけれどね。だけど子ども心に泳ぎたいわけです。絶対虫はでないと、信念で泳いでました。

それから再び戦後の東京へ出ていくわけですが、毎年もう洪水洪水だった。東京中の川が暴れているわけですよ。

阿達　幼少時代と、思春期・少年時代以降では、かなり川に対するイメージも、接し方も違ってますよね。

豊口　小学校時代に感じた、体験した日本の川の美しさというものが、自分の成長と一緒にダメージに変わってゆく。教員になって、学生を連れて相模川を見に行った時にはもう断末魔の悲鳴を上げるんじゃないかというような感じなんですよね。そういう致命的とも思える川の姿を見てきて、そうして信濃川に出合った。

阿達　先生は大工業地帯を流れる川に愛想を尽かしておられた。私はと言えば先程も申しましたが家の前には清流が流れていて、ちょっと上流まで行ってのぞくと川ガニが捕れたり、カジカといってヒレの生えたグロテスクな、ちっちゃいやつなんですけど、捕れたりしたんです。

灌漑用水にしても、昔農薬を使っていなかったこともあって、用水堀で泳いだんですよね。それは普通の川から引き込んだ水ですから、そんなにきれいじゃない。それがもう一回別の川に戻す時に、もっと汚くなるわけですけど、それでも泳げたんですよ。今ほど汚くはなかったんでしょうね。川が遊びだけではなくて、生活の一部と言いますか、同居してたような気がします。

社会と川との関わり合い

阿達　急流の河川があちこちにある日本ですが、日本人というのは川との接し方が余りうまくない国民性なんでしょうか？

豊口　いや、昔はうまかったと思いますよ。日本の歴史の中で、殿様が橋を造らなかったというのは、戦術という面だけでなくうまい方法だったと思います。川を住民が知るためには橋が無い方がいい。溢れて洪水みたいに流れているときは渡っちゃいけない。渡るときにはちゃんと専門家が担いで渡るんだということを無言のうちに理解させていたわけです。いつも滝のごとく流れてるって外国人技師のヨハネス・デ・レーケが言ったような川であればなおのこと、それはそれで正しかったんだろうと思うんです。下手に橋造って、毎年壊れたんではかえって大変ですよね。

阿達　昔は川を治める者は国を治めるというぐらいなものですから、川が戦略上だけじゃなくて、統治する意味でも大事な、うまく利用すれば武器にもなるし、利用しきれないと逆に作用するというぐらい、大事な位置づけだった。
船が浮かんだり、米を研いだり、野菜を洗ったり、泳いだりしていた川が、戦後になって、高度成長の中で変わってきたというのは、日本だけの特徴なのでしょうか。

豊口　いや、世界中だと思います。

阿達　工業化のツケみたいなところもありますね。

豊口　工業化ともうひとつは、自然環境が大きく変わっているんじゃないでしょうか。古い話になりますけれど、ヨーロッパというのは昔、全部森林に覆われていたところなんです。ところが彼らは木を伐って、牧草を植えて、あそこに牛や羊を飼った。昔はヨーロッパには牛もいなかったし、羊もいなかった。ましてや豚もいなかった。みんなアジアから連れていった動物だったんです。中世のころにみんな栄養失調みたいな、どうしようもなかったときに、豚とか小麦粉を彼らは仕入れた。それで豚とか牛を飼育するために木を伐って牧草地帯にして、彼らは今の時代を造り上げて行ったわけです。木を伐ることによって、結局川が死んだ。あの地中海も死んでしまったのです。今、地中海で魚を釣ろうと思っても釣れません。餌が無いから魚がすんでいないという状態になってしまった。木を伐ることによって川にダメージを与えてきた。木を伐るか伐らないかは別として、日本でも自然の中で川を隔離することによって、おかしな状態がでてきてしまったんじゃないかなと思いますね。

阿達　スキーだとか、ゴルフだとか、施設を造るならば伐採しなきゃいけない部分もあるだろうし、工場ができれば、浄化すれば問題ないんでしょうけれども、様々な意味で問題も起きている。できるだけ水を川の中に封じ込めていく。国策なのか、治水上の問題なのか分かりませんけれども、でてきてると思うんです。おのずと川が直線化していく。流れが速くなっていく。一方で、あちこちに動植物が生息していた瀬や淵が無くなっていく。脇の河川敷の方にも、河原的なものも、草むら的なものも無くなっていくから、川との付き合いが疎遠になってくる。

豊口　スコットランドで、川をずっと下った経験があるのですが、川は、蛇行してるんです。向こうの人に「これは雨期になった場合どうなんですか」と聞いたら、「いや、雨期になったら川の流れが変わるんです」。「それに対して、何も策を講じてないんですか？」と聞くと、「いや、神様が決めた水路なんだからそう簡単にいじっちゃ駄目ですよ」と。彼ら神様と言うんです。なるほどと思ったんです。ある程度、自然に任せている。

スコットランドは例外で、多くの国では、自然の川を人工的におさえていくという方法を取ります。規制というのは必ず反発があるんです。自然の力をいかにうまく利用して、川をコントロールしていくか。これができたら最高だと思うんですけど。

阿達　そうですよね。それを研究者の方とか技術者の方々は考えていらっしゃるのでしょうけれど、その最たるものが大河津分水であろうかと思うんです。

昔は川は好きなように暴れてもいいよ、という時代だったかもしれない。しかし近代化のプロセスの中ではそうはいかなかった。しかし、今、再びいかに川と共生できるかという問題を真剣に考えていかなきゃいけないと思うんです。単純に邪魔者扱いしていると、川との関係が遠くなっていく。上手に川と付き合うにはどうしたらいいんでしょうか。

豊口　やはり歴史だと思うんですよ。寒いから暖かくしたい。それには木を伐って燃やせばいい。というようなことで山の木を伐っちゃって、結局鉄砲水が出てきて、町が全部壊れちゃって、また別のところへ移るとかね。地中海の町なんか全部そうですよね。遺跡があるんだけどいつの遺跡だかわからないわけですよ。研究もしてないし。そういうふうにして例えば山を削って、山羊を飼った。山羊というのは植物を根っこまで食べちゃいますから、水が留まらないで下へ流れてしまう。山羊の汚水も全部流れていく。するとそれが全部川へ入ってきて、川が汚れる。そういう自然環境そのものを、保全しないで生きるためだけに人間が好きに使ってきたというところに問題があるんじゃないかと思うんです。

阿達　今、なぜここに空き地があるのか。なぜこの川の周辺には人が住んでいなかったのかということを正確な情報を集めて、それを今を生きる我々の知識として使わないと、空き地があるから家建てちゃうという話ではないだろうと思いますね。

今回の場合だと川ですけれど、相手を理解することがスタートですよね。人と人の関係にしても、先祖はどういう先祖だったのか、親戚関係はどうだったのか、ということが相手を知るということにつながっていると思うんです。川のこと、川の生態というのを含めて、やはり人間は知らなすぎるということですか。

豊口　川を人間社会から外したということですよ。川だって地球と、人間と一緒に生きてきたわけでしょう。生きていますよ。地面にくっついてるわけですよ。それをコンクリートで川を覆って地面からはがしてしまった。この中にいた生物は地面に帰れないし、地面にいた生物はこの中に入ってこれない。一種の排水溝みたいなもんです。そうすると、川は死んでいくわけですよ。川の周辺の地面も、共生しているわけじゃなくて川から離れているから、ある意味で川の周辺というのは死んでいるわけです。これはまずいと思うんですよ。昔の人は自分でも川で魚を捕った。今は自分で捕ることをしなくなった。どうしてでしょう? やはり捕るべきなんです。昔はこういうところに魚がいることをみんな知ってた。子供がナマズを捕りに行って、手にぬるって触れたときに、気持ち悪いけどその感触を覚えるわけです。それでナマズはどういう所に生きてるんだっていうことがわかるし、じゃあ水が減ったときはどうするんだろう、やはり川の水というのはある程度まで無いとナマズは生きていけないんだと気づく、そうすると、もう少し深いところに穴があるのかなと、いろいろと調べるんですよね。そういうことができなくなっちゃった。ですから人間の生活からも川が離れてしまった。これがやはり大きな問題だろうと思いますね。

阿達　それはお互いに不幸ですけれどもね。

豊口　不幸です。

阿達　毎日飲んでる水も、毎日食べてるご飯も、川があっての生産物ですからね。お世話になっているわけなんですよね。それは太古の昔とあまり変わってないと思うんです。変わっているのは意識の問題だけで、これだけ世話になってるのに、関心が薄くなってきている。それが川を駄目にして、また、人間も駄目になってきているという、何か切ない循環になってしまったなという気がします。

残念ながら下水を専門に流す川になっちゃったんです。蓋《ふた》をされて。これはもう川とはとても言えない。今まで目に見えているところで川が流れていれば、「あ、昨日より水の嵩《かさ》が多いな」と気にかけていた。

洪水の時だって、隣に川が流れていれば、この流れなら川は大丈夫だなとか、もうちょっとすると危ないなと言いながら、住民の方々が走っていって、川を見たのが普通だと思うんです。今、これだけ治水対策がなされ、少々の雨であれば安心だという意識だけはある。これはむしろ無責任だと思うんですけれども、あまり関係ないところで川が流れてるんだな、と。

豊口

稲川さんとの話の中で、ちょっとヒントがあったと思うのですけれど、長岡の町というのは昔、川と一緒に発展したんですよね。舟が新潟から入ってきて、長岡で荷物を降ろして、小さい舟に乗せ替えて、それが上流へと運ばれた。流れが早ければ、今度は漕がないで、岸を歩きながら引っ張っていった。そういう舟運のシステムが長岡という地域を境として変わった。システムが変わることによってそこでお金が落ちていった。まあ税金もあるし、経済も発展した。ということは人々が、長岡までの水量や、川幅であれば、何トンの船で荷物を運んでいける。しかし、ここより先の急流に上って行くときには、漕いで舟を上げるというのは難しいので、人が引っ張って舟を上げていくという新しい方法をここで発見する。これは川との付き合いのひとつのルールです。そういうことがあって、信濃川と人々の生活が、長岡という町を中心にして発展している。

その長岡の地で人々の生活が成り立っているから、例えば船頭さんたちが二〜三日滞在する。そうすると、泊まるところが無きゃいけない、ということになり、遊ぶところが無きゃいけないということになる。町の機能が段々組み上がっていくことになるわけですね。

つまり、新しい長岡の町づくりにとって舟運というものが大きく貢献していた。当時は舟運というのは経済の要ですから、大きな意味を持った。歴史的に舟運というものが無くなった時点で、川と人間との関わり合いはどうなったのか。もう少し、踏み込んで話をすれば、舟運は、歴史が残した大きなひとつの宝物で、そのシステムは今も残ってるわけですよね。その後は橋ができている。つまり何と言うんですかね。川でもって生活をしてきた人達が、将来どういうふうに仕事を変えていったとかですね、地域の歴史や経緯がそこから見えてくるのです。

そういうことを考えていくと、川との新しい付き合い方をどうしたらいいかということは、また別の視点から検討しなければならないはずなんですよ。お世話になっているわけですから。やっぱり川にお礼をしなくちゃいけないという気持ちが本来なら、残ってなくちゃいけないんです。

だけど今の教育は「いい子は川で遊ばない」と教える。そういうものだから、川というのは全く自分たちとは関係ないものだということになってしまう。これが怖い。我々の生活と深い関係にあるものなんだという意識を持たせるためには、小学校の教育、中学校の教育だと私は思うんです。それは単に川はいいんだから、川はこうなんだからじゃなくて、歴史を正しく教えなきゃいけないんです。ところが今の日本の国の教育というのは、高等学校では日本史は必修科目じゃないでしょう。高等学校でね、その国の歴史を必修科目から外している国というのは、私は聞いたことありませんね。その意味で言えば今の高校生以上は、信濃川と長岡の町との関係を知らない。それが問題なんです。川というのは昔からの文化を生み出して、文明を生み出している。世界地図を見ればわかりますよ。

川をあるべき姿へ戻すために

阿達　十年ぐらい前から始まっている話ですけれども、上流の山へ登ってみんなで木を植えようという運動、上下流の人たちが手をつないで、川を守ろうという運動が少し始まってはいますが、なかなか一般化、普遍化されてはいないですね。

豊口　日本は長い国で、八十パーセントが山。山には幸か不幸か手入れをしなくても木が生えています。ということは、幸運にも川はヨーロッパや中国ほど、痛めつけられていないような気もするんです。そういう意味では日本は、恵まれていたがためにあまり意識されなかった。

五年や十年で完成できるようなものではない。木を植えるという運動は長いスパンで考えないとなかなかできないことです。

阿達　では、川が本来の機能を取り戻すために必要なことは何でしょうか。

やはり、川は地球に戻すべきです、地面と一緒に。水と地面は、一体のものなのです。そこから大地の呼吸が始まるのではないですか。

豊口　土とつながった川を歩いていると、その接点のところに、スミレが咲いたり、タンポポが咲いたり、山菜が芽を吹き出したり、雪が残っていたり、鳥が飛んできたり、色んな現象がある。その接点がまたすごく面白いわけです。その接点を一日座って見ていると、色んな現象が起きていることがわかると思うのです。水が減ったり増えたりでしょう。それから少し波足が立ったり。花が咲いたり萎んだり、鳥が飛んできたり、そういう現象が大切なんですね。それを断ち切ってしまったのでは、川の本来の機能を取り戻すことはできない。

信濃川から千曲川ずっと見せていただいたんですが、大したもんですよ。やはり信濃川は素晴らしい川です。ただ、そういう環境にありながら、川で子どもを遊ばせないで、水たまりに魚を放して、魚のつかみ取りなんていうのはね、あれはやめた方がいい。何の意味もないでしょう。魚は逃げたくてへとへとになってるわけでしょう？　魚がこんなもんで捕まるのか、と子どもたちはへんに納得するかもしれないし、あれは残虐ですよ。我々が川へ入って「あ、逃がした」なんていうのとは本質的に違う、川で、池で魚を捕るのはいわば、戦いですから。

阿達　水泳にしてもそうですよね。プールが各学校にできていく中で、川で泳ぐことは危険だと。川そのものが、上流にダムが造られて水量が少なくなったりして、むしろ昔より安全になってきていると思うんですが、親御さんの方なのか、学校の方なのか、近づけたくない、危険だという、そういう教育をやってらっしゃる。そうすると子どものころから川には行っちゃいけないということになってくる。川は危険だという思想は、大人になってもなかなか川への関心を持ちづらくなりますね。

豊口　身の安全とか、危険という話は、なぜ、今になって、起きてきたのか。

阿達　昔の方が今より危険だったんじゃないか。

豊口　皮肉をこめて言えば、今プールよりも、信濃川だったら川の水の方がきれいだと思うんですけれど、どうでしょう。

阿達　確かに、信濃川の水も無農薬とか有機農法で、昔と比べてきれいになったかもしれませんね。

豊口　二百㍍流れれば水はきれいになるって、昔教わりましたよね。

阿達　「水に流す」という言葉もありますね。あれは良い言葉だとは思わないんだけど、水に流せば

豊口　なんとかなるという。

日本は水に恵まれすぎてますよ。

阿達　越後平野のように川の恩恵にあずかっている、半面では、川との戦いを繰り返しているところも、あんまりないと思うんです。今、長岡の地にお住まいになっていて、その恩恵とか恐怖みたいなものを感じてらっしゃることはありますか。

豊口　恐怖はあまり無いですけれども、長岡というか、新潟という地域は四季のメリハリが非常にある。これは素晴らしい。改めて生活をしてみて感じますよ。

阿達　太平洋側にはあまり無い？

豊口　四季のメリハリがはっきりしているということは、しょっちゅう何か考えていなければいけない。今日は五十㌢雪が積もった、明日一㍍だったらどうしようかとかね。南にいたらそんなこと考えないですよ。洋服にしてもそうですね。ちょっと寒いから冬物出さなきゃいけないとか、合物がいいとか。そうするとお金はかかるかもしれないけれども、冬物・合物・夏物と用意する。食べ物も四季に応じて変わってくる。そうするとそれを料理する時に、鍋はこれが必要だとか。包丁はこれがいいとか。海の幸でもそうですよね。魚によっては包丁を変えるわけですよ。それから、アルコール飲もうと思った時にも、やっぱり飲む器を変えますよね。その思考するということが、一年の中に春夏秋冬と四回あるんです。

もう一つは、「水」の心配をしなくていい。大阪にいた頃、「水」がないということがよく起こるんです。ダムの「水」がなくなってきたから、気をつけてくれとか。新潟ではそういうことはないですよ。

阿達　そうですね。例外的な渇水の夏でもない限り、「水」の心配はないですね。

豊口　雪が降り積もった山に、「水」はある。

それからもうひとつ、水があるということで、四季折々の食べ物、特に植物が変化に富んでいるんです。しかもおいしい。これほど豊かな山菜が採れるところも少ないだろうし、本当に恵まれてますよ。もちろんお米も採れるでしょう。秋はキノコが出ます。

阿達　太平洋側で渇水の話があるたびに、新潟県の水を向こうの方に持っていけないものかという話が出るんですよ。こっちはそれだけ恵まれている。

「水」は確かに潤沢ではあるんですね、川といっても「水」が無いような地域もありますからね。

豊口　確かに水無川、ありますよね。

阿達　川の水が地層深くに入っていくところもあるんですよね。浦佐のあたりの水無川もそうなんですけれども、それが地域の井戸水の源泉になっている。太平洋側の川のように「水」を使いたいのに「水」が無い川とは違う。

豊口　こちらで言う水無川というのは、神がつくった一種の治水だと思うんです。ある程度の水量になったときは流れていくけれども、水量が減ってきたときには地面の中に吸収させてためておくというように、自然の力によってコントロールをされている川じゃないかという気がします。こっちへ来て初めてわかったんですけれどね。

新しい視点で川と付き合う

阿達　私は小さいころから、でっかい洪水も含めて、膝《ひざ》のところまで、あるいはベルトのところまで水に漬かったという経験が何回かあるんですよ。川というのは、おとなしいばかりじゃなくてそういうときもある。そのときに、救助用の舟が往来していたことを覚えている。災害時のことですから、特別ではあるんですけれども。舟運の復活というようなことは考えられますか。

豊口　ヨーロッパではゆっくり川が流れてますから、川を使った生活というのは、実にうまくできている。それは一種の楽しみでもあるし、精神的なゆとりでもあるわけですよ。だから舟運をもし復活させるとすれば、経済的な効果だけ考えて復活させるのであれば私は嫌なんですね。そういうもんじゃない。やっぱり人々の生活にゆとりを与える、楽しみを与える、生きてる喜びを与えるというような、川と、舟という道具と、人間社会とをうまく結びつけたようなものができれば一番いい。観光客を集めて金儲けすることを第一に考えるというのであれば私はやめた方がいいと思いますね。そうじゃなくて新潟県というところは、信濃川があって、川との触れ合いがあって、精神的なゆとりができてね、楽しみがあるよと。

私は舟を利用するのが好きなんです。川から街をもう一遍見てみようということをあちこちで言っています。そうすると街づくりに対して新しい視点が生まれるはずだと。

阿達 そうなんですよね。

豊口 昔の人は川から街を見てたんです。昔のヨーロッパの人間だって、大航海時代が始まったころは、船から自分の母国を見てたんですよ。いかに国を、港をきれいにするかということを彼らは海から考えていたわけです。ところが日本人は鎖国しちゃったから、陸からしか海を見てない。だから物の美しさを見る視点が違っている。この辺が今、街づくりの視点がずれているんだと思うんですね。川を活用するのであれば川から街を見てみることも必要なのです。

阿達 そういった観点から街づくりも可能だということですね。

豊口 街づくりが変わってくると思うんです。例えば花火を長岡でやってます。小学生だけは舟の上から見せてやるとかね。昔、芸者さんがここで見てたんだよ、なんて言ってもいい。

阿達 市民の方々が車とか鉄道ではなくて、舟で回るようになれば、少しは川に対する見方とか、自然に対する考え方とか、あるいは動植物に対する接し方とかが、変わってくるんじゃないかなと思うんです。

豊口　でも、今車でも観光地は回れるんですよ。新潟県でやらなきゃいけないことは、舟で観光地を回れます、という他の県でやってないことをまずやっちゃうという事なんですね。それをできる川が支流を含めた信濃川だと思うんです。

阿達　旧新潟市の堀があったところに、掘割を造り直して、舟を浮かべて。

豊口　鳥屋野潟もね、全部舟で回れると。

阿達　川の中から見て、価値がある街づくりと言うんですか、そんな視点が何か必要ですよね。

豊口　人間生活をエンジョイできるような仕掛けは必要だと。そういうエンジョイできるような仕掛けが今の川には無いということなんですよ。楽しみも無くなっている。

阿達　川とのかかわりの中で、防災あるいは減災面ではいかがですか。

豊口　これは難しいですよね。川がどうやって生きてきたかということがわかれば、どの辺が危険であったのかとか、危険らしいとかいうことは大体わかる。とにかく市民と一緒に自分たちの町を流れている川のことをよく知らないといけないということなんです。「信濃川いいですね」って言っていると、お年寄りから怒られるんですよ。「冗談じゃないよ」と。「我々が若いころは、これは怖い川でね、いったん暴れたら収拾がつかなかった」。「今ね、国土交通省のおかげでこうなってるけど、昔の信濃川をあんた方知らないで何言ってるんだ」と怒られるわけですよ。これはやっぱり歴史的な流れですよ。恐らくあと五十年ぐらい経つとね、大河津分水のこともみんな忘れられて、昔から川は二本あったんだろうと思いますよ。

阿達　信濃川大河津資料館長の五百川さんと対談した時、地域の方々が災害の歴史を認識しているかどうかというのが、つまるところその川を大事にするかどうかにつながっていくと。地元の方が一番良く知っているわけですよ。だから工事をしなさいということじゃなくて、その移り変わりについては地域の方が責任を持って、関心を持ったり、あるいは監視していく必要がある、と。それができないと川は忘れ去られていくといいますか、衰えていく。その意味では、先人たちの努力があったからこそ今こういった形で私たちは生活できる。川と川に対して関わった方々に感謝しなきゃいけないんですね。

豊口　本当にそう思いますよ。川を地域の宝だと思ってね。

■信濃川自由大学講座

1　歴史から紐解く人と川との共栄
ゲスト：稲川明雄氏（前長岡市立中央図書館長）
ホスト：豊口　協氏（長岡造形大学理事長）
日　時：平成17年10月13日（木）18時～20時
会　場：ホテルニューオータニ長岡・NCホール（長岡市）

2　信濃川が造った越後平野と風景
ゲスト：弓納持福夫氏（写真家・新潟県写真家協会長）
ホスト：阿達秀昭氏（新潟日報社編集委員・当時）
日　時：11月10日（木）18時～20時
会　場：だいしホール（第四銀行本店内）・ホール（新潟市）

3　川の恵み、水の恵み
ゲスト：嶋悌司氏（(財)こしじ水と緑の会理事）
ホスト：豊口　協氏（長岡造形大学理事長）
日　時：12月15日（木）18時～20時
会　場：越路総合福祉センターレクリエーション室（長岡市）

4　これからも川とともに生きる

ゲスト：河合佳代子氏（(有）UFMネイチャースクール社長・環境教育コーディネーター）
ホスト：豊口　協氏（長岡造形大学理事長）
日　時：平成18年1月12日（木）18時～20時
会　場：交流体験館・ホール（北魚沼郡川口町）

5　信濃川がつなぎ育てた地場産業

ゲスト：本山幸一氏（郷土史家）
ホスト：阿達秀昭氏（新潟日報社編集委員・当時）
日　時：2月9日（木）18時～20時
会　場：リサーチコア・マルチメディアホール（三条市）

6　越後平野の水の思想

ゲスト：五百川清氏（信濃川大河津資料館長・当時）
ホスト：阿達秀昭氏（新潟日報社編集委員・当時）
日　時：3月9日（木）18時～20時
会　場：燕総合文化センター・中ホール（燕市）

われら信濃川を愛する part 1

2006（平成18）年7月7日　発行

監　修　信濃川自由大学
（国土交通省信濃川河川事務所
国土交通省信濃川下流河川事務所
新潟日報社）

編　集　社団法人　北陸建設弘済会
〒950－0197　新潟市亀田工業団地2丁目3－4
電話 025（381）1020　FAX 025（383）1205

発　行　新潟日報事業社
〒951－8131　新潟市白山浦2－645－54
電話 025（233）2100　FAX 025（230）1833

　ISBN4－86132－179－4